北方黑臭水体
治理技术及典型案例

单连斌　赵勇娇　王允妹 等 著

科学出版社

北京

内 容 简 介

本书内容紧紧围绕《水污染防治行动计划》（"水十条"）对黑臭水体的治理要求展开撰写，共 6 章，对我国城市黑臭水体的现状、有关治理技术与措施及典型工程案例做了较系统介绍。具体介绍了我国城市化对河流的影响，城市黑臭水体的研究进展，黑臭水体的定义、危害及形成原因与机理，北方城市黑臭水体的特征，黑臭水体的治理原则、治理技术路线、治理措施；重点介绍了北方城市典型代表沈阳市黑臭水体的整治案例。通过理论与实际工程相结合，为我国城市黑臭水体的整治提供可借鉴的思路与技术路线。

本书主要供从事城市河流污染治理与管理的人员及黑臭水体污染防治工作的技术人员阅读，也可供高校环境工程、市政工程及相关专业的师生参考。

图书在版编目（CIP）数据

北方黑臭水体治理技术及典型案例 / 单连斌等著. —北京：科学出版社，2022.6

ISBN 978-7-03-070951-6

Ⅰ. ①北⋯ Ⅱ. ①单⋯ Ⅲ. ①城市污水处理—案例 Ⅳ. ①X703

中国版本图书馆 CIP 数据核字（2021）第 258161 号

责任编辑：王喜军 孙静惠 / 责任校对：樊雅琼
责任印制：吴兆东 / 封面设计：无极书装

科 学 出 版 社 出版
北京东黄城根北街 16 号
邮政编码：100717
http://www.sciencep.com

北京凌奇印刷有限责任公司 印刷
科学出版社发行 各地新华书店经销

*

2022 年 6 月第 一 版　开本：720 × 1000　1/16
2023 年 6 月第二次印刷　印张：12 3/4　插页：1
字数：257 000

定价：98.00 元
（如有印装质量问题，我社负责调换）

作者名单

沈阳环境科学研究院

单连斌 赵勇娇 王允妹 张 磊

沈阳环科检测技术有限公司

魏春飞

沈阳市化工学校

马彦峰

前　　言

　　近几十年来我国城市化进程加快，城镇化和工业化快速发展，城市规模不断扩大，城市居住人口激增，工业企业数量不断增长，污水排放量逐年增加且相对集中，但城市排水管网及污水处理厂等截污治污设施相对落后，部分工业污水简单处理后排放，大量生活污水直排入河，水体中污染物超标严重，导致城市水体大面积污染，出现季节性或终年黑臭，水体黑臭现象成为城市河流的主要问题。

　　我国河流黑臭现象最早出现在上海苏州河，随后南京的秦淮河、苏州的外城河、武汉的黄孝河和宁波的内河等均出现不同程度的黑臭现象。近几十年来，黑臭水体的范围不断扩大、黑臭程度不断加剧，在全国大部分城市河段中，流经繁华区域的水体绝大部分受到不同程度的污染，尤其是各大流域的二级与三级支流的黑臭问题更加突出，且劣化程度逐年加重。鉴于城市黑臭水体治理的重要性和紧迫性，党中央、国务院及相关部门高度重视，接连出台了一系列政策和文件，尤其是《水污染防治行动计划》（"水十条"）和《城市黑臭水体整治工作指南》的颁布，对黑臭水体治理工作提出了明确要求及整治目标，黑臭水体整治工作在全国进行了全面推进，各级政府均积极落实，并启动了 2018 年城市黑臭水体整治环境保护专项行动。根据生态环境部 2019 年统筹强化监督（第二阶段）黑臭水体专项核查情况的通报，截至 2019 年底，全国 295 个地级及以上城市（不含州、盟）共有黑臭水体 2899 个，消除数量 2513 个，消除比例 86.7%（本书提及相关数据均不涉及港澳台）。其中，36 个重点城市（直辖市、省会城市、计划单列市）有黑臭水体 1063 个，消除数量 1023 个，消除比例 96.2%；259 个其他地级城市有黑臭水体 1836 个，消除数量 1490 个，消除比例 81.2%。全国共有 57 个城市黑臭水体消除比例低于 80%，涉及广东（12 个城市，后同）、湖北（7 个）、四川（7 个）、辽宁（2 个）、安徽（4 个）、吉林（3 个）、江苏（1 个）、湖南（4 个）、河南（3 个）、黑龙江（3 个）、山东（2 个）、山西（3 个）、贵州（2 个）、江西（4 个）。

　　本书紧紧围绕"水十条"对黑臭水体的治理要求，结合北方城市黑臭水体的治理经验，并参考有关专家学者文献，以北方典型城市沈阳市黑臭水体治理案例为重点著作而成。全书共 6 章：第 1 章，黑臭水体概述，分析我国城市化对河流的影响，给出黑臭水体的定义、危害、类型；第 2 章，我国黑臭水体现状与国内外研究进展，分析我国城市黑臭水体现状及城市黑臭水体综合整治存在的问题、北方城市黑臭水体特征及国内外黑臭水体研究进展；第 3 章，黑臭水体调查、评价、分级判定及其成因与机理，介绍黑臭水体的调查及评价方法、黑臭水体的级别判定以及黑臭水体形成原因与机理；第 4 章，城市黑臭水体治理技术与措施，介绍黑臭水体治理的原则和常用技术；第 5 章，沈阳市黑臭水体综合整治案例，分析沈阳市城市概况，重点介绍沈阳市白塔堡河、浑南总干（和平区）、细河、满堂河等水系的黑臭水体综合整治案例；第 6 章，我国北方其他城市黑臭水体综合整治案例，介绍辽宁省盘锦市及营口市部分河流的黑臭水体治理案例，以及吉林省长春市伊通河北北段黑臭水体治理案例。

本书由单连斌、赵勇娇、王允妹等撰写，参与撰写工作的还有魏春飞、张磊和马彦峰。本书作者参考了大量的国家标准、行业标准、技术指南、技术政策等资料，参考了科研及教学领域同行的文献著作，也使用了相关单位提供的工程实例资料，谨在此向这些文献资料的作者及相关单位表示衷心的感谢。

本书虽经多次修改校正，但由于作者水平有限，疏漏之处在所难免，恳请广大同行和读者朋友批评指正。

作　者

2021 年 12 月

目　　录

彩图

第1章 黑臭水体概述

1.1 河流与城市

大自然孕育了河流，河流又哺育了城市，自古以来，城市的兴起与繁华都和河流的繁衍有着鱼水相依的不解之缘。河流是人类文明起源的摇篮，是连结水圈、生物圈、岩石圈的重要纽带，又是现代城市发展的载体。它除了提供人类饮用水外，还具有工农业生产、航运、排水、纳污、景观等多种功能。世界上淡水资源十分有限，地球上水的总量为14亿 km^3，其中97.3%是海水，淡水所占比例不足3%，而且大部分以两极的冰盖、冰河和深度在750m以上的地下水形式存在，与人类生活最密切的河水所占比例更低，而且时空分配不均。因此，以河流为主体的淡水资源是人类生存与社会发展不可或缺的物质条件。千百年来，虽说历史变迁，人物更替，但城市与河流一般都能和谐相处，相敬如宾。随着工业时代来临，城市化水平的不断提高带来了新的问题，如地表的下垫面产流状态变化、河流水质下降、区域内洪水的重现频率增加、生态环境改变以及水生生物减少等。城市化的快速发展带来的一系列水环境问题，不仅给人们的日常生活造成了影响，还制约了我国城市化发展进程[1]。

1.2 城市化对河流的影响

城市化对河流的影响主要包括对河流结构、水文生态条件、水质以及生态多样性等方面的影响。

1.2.1 城市化对河流结构的影响

河流具有时间、垂直（河川径流—地下水）、纵向（上游—下游）和横向（河床—洪泛平原）四维结构。城市化从不同方面对河流结构进行了改变，从而影响其四维结构的变化，导致河流生态系统功能损害，表现在如下三个方面：一是由城市扩展而造成的河流面积减少，特别是与河流相连接的湿地面积减少与洪泛平原消失；二是河流整治中构建的各种水利结构对河流床体结构的破坏；三是流域尺度上发生的景观结构、类型的变化。

城市化过程中土地需求不断增加，城市管理者和建筑者为了获得更多的空间，加大了对河流的利用和开发。河流空间被道路、市街、商业区、住宅区等挤占，特别是小型的自然溪沟被填埋，暗渠化或者原河流具有的自然缓坡河岸带被硬化为垂直堤岸，造成河流面积下降，这是城市化过程中存在的主要问题之一，也是对河流系统影响最为严重的一个方面。城市化对河流的另一个重要影响是在河流整治过程中，河流本体结构发生了明显变化。人们为了获取更多的空间和更容易控制河流，构建了众多水利设施来维护河道稳定以及控制水文动态，原有的、自然的、不规则的河道变成具有规则形状的人工河道。这些工程设施包括河流护坡硬化、河道硬化和河坝工程几个方面，在保护社会经济方面发挥了作用，但使河流原有生境丧失，生物多样性降低。

自然河道通常具有透水性，通过向地下渗透有效的补偿地下水，保障了地下水资源的持续利用。硬质护岸的构建使得其对非点源污染的拦截与降解功能丧失殆尽，造成河流污染状况加重；从生态角度来看，硬质护岸隔绝了水域与陆域生态系统的联系，造成河流生态系统与非河流生态系统相互绝缘，致使河、湖生态系统遭到孤立，不利于河流生态系统对水体自净能力的发挥。

综上所述，有些城市的人工河流基本上不具备天然河流的生态功能，只具有排水功能，成为不折不扣的静水、死水和污水。因此在河流恢复过程中，各种近自然形态的工程、材料被逐渐广泛应用，这对于维持整个河流原有的生态功能起到了一定作用[2]。

1.2.2 城市化对河流水文生态条件的影响

城市水文生态问题是城市化过程中出现的人类与其生存环境之间关系不平衡的表现，主要表现为城市生存和发展的人居环境质量明显下降，水资源过度开发，造成城市地面沉降、地下水资源枯竭、江河断流、城市生活污水和生产废水大量排放，严重污染了天然淡水资源，加剧了可用水资源短缺，还对城市水体、土壤、大气及其他生态因子产生污染和破坏。城市人口的聚集作用，大容量、多流量、高密度、快运转特征使其在城市的发展过程中不可避免地对城市原有的水文生态条件产生深刻影响，形成诸如水文下垫面发生改变、资源短缺、土地功能转化、环境污染、地质灾害频发和社会问题突出等。

城市化中土地利用格局发生变化，造成植被覆盖度下降而硬化地面增加，降低流域对降雨的涵养能力，导致雨季洪峰和旱季河流干枯，并且洪峰时间短，流量大，而枯水期持续时间变长。同时，河流连通性的改变和河道、地下水之间连通性割裂也造成了夏季水位高、洪峰时间短，而冬春则出现过长的枯水期[3]。

1.2.3　城市化对河流水质的影响

城市的扩展也造成城区的地表水质日益恶化。城市化给人类带来了良好的生活和工作环境，但是由此产生的污染物也给城市水环境造成相当大的危害。随着城市的发展，人类活动强度加大，大量未经处理或处理不充分的废污水排入流经城市的河流，使河流水质恶化。

根据污染状况，河流污染主要包括点源污染、面源污染和内源污染。

1. 点源污染

城市河流的点源污染主要包括工业废水和城市生活污水污染，通常有固定的排污口集中排放。我国化工、炼焦、冶金、制药等行业迅速发展，产生了大量含有毒有害物质和有机污染物的工业废水。城市污水是各种废水的混合物，其主要来源于生活污水、城市排水系统、农村村镇排水系统以及第三产业排放。城市生活污水中含有大量的含磷洗涤剂、农药、化肥等，若将其直接排放到城市河流中，很容易造成水体富营养化，从而导致水华现象频繁出现。除此之外，城市污水中还含各种病原体，如病毒、细菌、寄生虫等，流入水体会传播各种疾病[1]。

2. 面源污染

城市河流的面源污染主要是以降雨引起的雨水径流的形式产生，径流中的污染物主要来自雨水对河流周边道路表面的沉积物、无植被覆盖裸露的地面、垃圾等的冲刷，污染物的含量取决于城市河流的地形、地貌、植被的覆盖程度和污染物的分布情况[4]。与点源污染相比，面源污染具有更大的不确定性且影响范围更广。由于面源污染面广、量大、不稳定，故难以找到污染物的确切排放点，不易对污染源进行监测，也不易控制。

3. 内源污染

城市河流内源污染是指河流底泥中的污染物向外释放造成水体污染及底泥污染而导致底栖生态系统破坏的现象。其形成与外源污染过量输入、河道内生物代谢及遗体沉降、大气沉降、降水等有关。内源污染物释放受水温、pH、溶解氧浓度、氧化还原电位、水体扰动、污染物形态及理化性质、底泥结构、微生物活动等多因素影响，对其控制相对较为困难。通常内源污染物可分为氮磷营养盐、重金属和难降解有机物三类[5]。

氮磷营养盐除部分被水生生物吸收和利用外，大部分储存于底泥中，并与水体氮磷保持动态平衡。当水体中氮磷浓度下降且环境条件适宜时，底泥中的氮磷营养盐会向水体释放,引起水体富营养化。另外,水体中过高浓度的氨氮(NH$_4^+$-N)还会在硝化细菌的作用下大量消耗水体中的溶解氧,导致鱼类和其他水生生物因缺氧而死亡,最终破坏水体生态系统。同时,厌氧状态还可触发或加速底泥中氮磷的释放,使水体中的氮磷进一步增加,加重富营养程度,增大水华暴发机会。水华一旦暴发会继续加剧水体厌氧状态,最终形成恶性循环[5]。

重金属是一类不被微生物降解、不易消除的累积性污染物,在适宜条件下可向水生生物、水体等迁移。多数重金属能抑制生物酶活性,破坏正常生化反应。有些重金属还能直接作用于神经系统、生殖系统、血液循环系统和身体各脏器,表现出急慢性中毒,严重时可危及生命,即使水体中重金属浓度相对较低,也可在藻类和底泥中积累以及被鱼和贝的体表吸附,并通过食物链浓缩,被人类误食而造成公害。

难降解有机物,如多环芳烃(polycyclic aromatic hydrocarbons,PAHs)、多氯联苯(polychlorinated biphenyls,PCBs)、有机氯农药和有机染料,在自然界中存在时间长,易在生物体内富集滞留,导致人类和动物癌变、畸变、突变及雌性化[5]。

因此,内源污染已经成为一个威胁人类及环境监控的全球性问题。

1.2.4 城市化对河流生态多样性的影响

城市化是导致水生生物群落物种丰度、多样性以及生物量降低的重要因素。在城市化进程中,流域土地利用变化和点源污染物排放所形成的环境压力(如河道结构变化、河岸植被退化、降雨径流增加以及水质恶化等)能够通过一系列的级联反应改变河流生境质量,并最终影响水生生物的群落结构与分布。

对于鱼类而言,城市化的发展不仅导致群落多样性和丰度降低,还增加了耐污种属和外来种属在群落中的比例。一方面,城市化的发展在增加了污染物排放的同时,也改变了河流原有的生境条件,对群落中的清洁种属具有毁灭性的伤害作用;另一方面,城市河道的疏浚与勾连增强了不同地域群落之间的流动性,导致大量的外来种属进入原有的生态系统中,并造成部分本地种属的消失。

对于底栖动物而言,城市化的发展对群落结构和生物量也具有显著负面影响。许多研究者在对比不同城市化水平下流域内的底栖动物群落后发现,随着城市化水平的不断提高,群落中的清洁种(蜉蝣目、襀翅目和毛翅目)种类数逐渐减少,并且在城市用地比例超过 5%以后开始急剧降低;而群落中的耐污种(摇蚊科、寡毛纲等)种类数则逐渐增加,并且成为群落中的主要优势物种。同时,流域不透水地面面积与底栖动物生物指数之间的负相关关系也表明,城市化发展对群落物种丰度、多样性以及清洁种具有损害作用。

对于藻类而言,城市化的发展降低了群落分类单元数量和多样性,并导致群落向均质化方向发展。通常城市化的发展能够增加水体中的营养负荷，并且破坏河岸植被盖度，提高河流水温和光照强度，从而促进藻类生长和繁殖。但是另一方面，城市化初期造成的土壤侵蚀和泥沙输入量增加，导致河流中悬浮物含量上升，并对河床产生冲刷作用，极大地限制了藻类生物量累积；而且流域内降雨径流和工业废水中所含有的重金属离子也会影响部分藻类生长，并造成生物量降低。因此，城市化流域内水生生物群落通常表现为分类单元少且耐污种占优势地位，同时群落多样性较差并呈现区域种群均质化的趋势[6]。

1.3　黑臭水体的定义、危害、类型

1.3.1　黑臭水体的定义

水体黑臭是水体有机污染的一种极端现象，是对水体极端污染状态的一种描述。黑臭可以从外在视觉感官和内在形成机理两个方面解释。在视觉感官上，水体呈黑色或泛黑色，在嗅觉上会有刺激性气味，引起人们不愉快、恶心或厌恶的感觉。从形成机理上，水体发黑发臭主要是在缺氧或厌氧状况下，水体内有机污染物发生一系列物理、化学、生物作用的结果。

2015 年《城市黑臭水体整治工作指南》将城市黑臭水体定义为：城市建成区内，呈现令人不悦的颜色和（或）散发令人不适气味的水体的统称。《城市黑臭水体整治工作指南》对黑臭水体的定义，一是明确范围为城市建成区内的水体，也就是居民身边的黑臭水体；二是从"黑"和"臭"两个方面界定，即呈现令人不悦的颜色和（或）散发令人不适气味的水体，以百姓的感观判断为主要依据[7]。

黑臭水体具有如下特点[8]：

（1）水体有机污染较严重，有的兼具明显的富营养化特征；水体中的溶解氧（dissolved oxygen，DO）含量较低，透明度较差，氨氮含量较高；沉积物具有较强还原性。

（2）颜色呈黑色或泛黑色，具有差或极差的感官体验。

（3）散发刺激气味，引起人们不愉快甚至厌恶的感觉。

（4）水体功能严重退化，水生生物不能生存甚至灭绝，食物链断裂，食物网破碎，生态系统结构严重失衡。

（5）致黑物质，包括吸附于悬浮颗粒的不溶性物质（Fe、Mn、S 及 FeS、MnS）、溶于水的带色有机化合物。

（6）致臭物质，包括甲硫醇（CH_3SH）、硫化氢（H_2S）和氨气（NH_3）（厌氧菌产生）；土臭素（$C_{12}H_{22}O$）和 2-甲基异茨醇（2-MIB，$C_{11}H_{20}O$）（好氧细菌产生）。

1.3.2　黑臭水体的危害

目前，黑臭已成为我国城市水环境普遍存在的问题之一。黑臭水体不仅影响城市水环境景观生态建设，还对人体的呼吸系统、循环系统和消化系统产生不良影响。

1. 破坏河道生态系统

黑臭水体中有机质在分解过程中大量消耗水中溶解氧，使水域呈缺氧状态，影响水体中鱼类及其他水生生物正常发育和生长，甚至引起鱼类等水生生物及需氧微生物缺氧而大量死亡，导致河流生物多样性降低，引起河流自净能力下降。

2. 影响城市景观建设

城市河流是城市景观和生态环境的重要组成部分，黑臭河流不仅严重影响城市的外观和环境的美学价值，还会影响城市旅游事业开发，限制城市自身发展甚至影响城市声誉。

3. 危害居民身体健康

沿流域的地区和城市由于河流水质被污染，居民饮用水安全受到重大威胁，一些城市自来水已不符合严格的饮用水标准，对人体健康存在潜在危害。黑臭水体难闻的气味会刺激人类呼吸系统，使人厌食、恶心、呕吐，甚至使人头晕、头痛，严重时可损伤中枢神经系统。另外，黑臭水体容易滋生致病微生物，导致大规模疾病暴发，严重危害流域周边居民的身体健康。研究表明，黑臭水体周围空气存在微生物污染的风险。对不同时间段、不同距离的空气微生物取样结果显示：细菌、真菌总微生物浓度上午短期暴露健康风险最大，长居人群微生物污染健康风险主要集中在离岸 100m 范围内，短期暴露儿童健康风险最大，女性次之，男性短期暴露健康风险最小[9]。

1.3.3　黑臭水体的类型

在不同的水质改善阶段，采用哪种水质改善技术以及水质改善的效果和时间，取决于对水体污染特征的深入了解。根据有关学者的分类，黑臭水体依据其污染特征大致可以分为以下类型[10]。

1. 未截污或纳污水体

水体周边的企业排水、生活污水等未能有效截污纳管，能直接进入各种污水；

或者因为纳污的需要，污水通过处理后需要直接排入。有的地区或区域以污水处理厂为主要水源，如海河流域等。有的地方虽然入河污染源能被截除，但污水处理能力滞后，未处理达标就直接排入水体或直接排入水体。水体直接纳污，容易引起黑臭，这也是水体发生黑臭和难以治理的主要原因。

2. 雨污混流型水体

雨天的雨水混合地表各种污染物和污水通过雨水管网直接排入水体中。有关资料表明，城市降雨时，前 20min 内的雨水污染严重；雨污混流使纳污水体污染加剧和复杂化。雨污混流的原因比较复杂，主要有以下现实情况与问题。

（1）城中村的排水。我国大多数城市是在老城市的基础上发展起来的，由于城市改造、建设规划不完善以及在规划执行中存在偏差，城中村成为我国城镇化快速发展的产物而广泛存在，城中村的排水往往没有与城市管网系统相连，污水暂时不能纳入城市排水管网的现象是客观存在的，从而形成了污水沟、污水河。

（2）城郊与城乡接合部的排水。城镇化的快速发展使城郊与城乡接合部的面积不断扩大，这些地区往往分布着小手工作坊、养殖场等，其排放的污水成分复杂。然而城郊与城乡接合部配套排水管网建设进程缓慢，相当多的污水直排，对水体的污染严重。

（3）工业园区以及企业排放的初期雨水一般也含有大量污染物，需要进行收集处理。

3. 断头浜型水体

此类水体由于断头，无法与周围的水系沟通，水源主要是降雨以及排入的污水，容易引起黑臭，此类水体在农村地区较多。

4. 封闭型水体

此类水体多为湖泊、断流河、蓄水河坝等。由于水体处于静止状态，只进不出，难与外界交换，容易富营养化，受到污染时容易失去自净能力而发生黑臭。一般封闭型水体的主要污染源可分为以下几个方面。

（1）雨水地表径流（面源污染）所带来的周围地表和土壤中的有机物以及 N、P。

（2）尘土所带来的外来有机物和 N、P。

（3）湖泊自身不断死亡的生物群落积累而成的有机物等。

对这类水体需严格限制排入污水的水质和水量，保持其生态系统的稳定性。

5. 半封闭性缓流型和滞留型黑臭水体

如上海等平原感潮河网地区，一般水位落差较小，加之受海水顶托，内河水流缓慢，较易产生淤积、黑臭现象。

参 考 文 献

[1]　彭剑锋，宋永会，刘瑞霞，等. 城市黑臭水体综合治理技术与管理研究[M]. 北京：科学出版社，2017.

[2]　彭涛，柳新伟. 城市化对河流系统影响的研究进展[J]. 中国农学通报，2010，26（17）：370-373.

[3]　陈德超. 浦东城市化进程中的河网体系变迁与水环境演化研究[D]. 上海：华东师范大学，2003.

[4]　许志兰，廖日红，楼春华，等. 城市河流面源污染控制技术[J]. 北京水利，2005，（4）：26-28，60.

[5]　薄涛，季民. 内源污染控制技术研究进展[J]. 生态环境学报，2017，26（3）：514-521.

[6]　罗坤. 城市化背景下河流健康评价研究[D]. 重庆：重庆大学，2017：35-36.

[7]　住房和城乡建设部.《城市黑臭水体整治工作指南》解读[EB/OL]. https://www.mohurd.gov.cn/xinwen/gzdt/201509/20150915_224868.html[2020-05-15].

[8]　卢少勇，毕斌，陈方鑫，等. 黑臭水体治理技术及典型案例[M]. 北京：化学工业出版社，2019：3-4.

[9]　刘建福，陈敬雄，辜时有. 城市黑臭水体空气微生物污染及健康风险[J]. 环境科学，2016，37（4）：1264-1271.

[10]　蒋克彬，李元，刘鑫，等. 黑臭水体防治技术及应用[M]. 北京：中国石化出版社，2017：12.

第2章 我国黑臭水体现状与国内外研究进展

2.1 我国城市黑臭水体现状

2.1.1 我国治理城市黑臭水体的相关文件

城市水体是指位于城市范围内、与城市功能保持密切相关的水体，包括流经城市的河段、河流沟渠、湖泊和其他景观水体，是城市生态系统的重要组成部分。城市水体黑臭问题主要由水体中藻类和细菌的新陈代谢以及人类向水体中过度排放污染物引起。近年来，随着我国城市经济的快速发展，城市规模的日益膨胀，城市环境基础设施建设不到位，城市污水排放量不断增加，大量污染物入河，垃圾入河，河里的底泥污染严重，水体中化学需氧量（chemical oxygen demand, COD）、氮、磷等污染物浓度超标，河流水体污染严重，水体出现季节性或终年黑臭现象。

我国河流黑臭现象最早出现在上海苏州河，随后南京的秦淮河、苏州的外城河、武汉的黄孝河和宁波的内河等，均出现不同程度的黑臭现象。近几十年来，黑臭水体的范围和程度不断加剧，在全国大部分城市河段中，流经繁华区域的水体绝大部分受到不同程度的污染，尤其是各大流域的二级与三级支流的黑臭问题更加突出，且劣化程度逐年提高[1]。

鉴于城市黑臭水体治理的重要性和紧迫性，党中央、国务院及相关部门高度重视，接连出台了一系列政策和文件，提出了黑臭水体治理工作相关要求、行动计划并启动了 2018 年城市黑臭水体整治环境保护专项行动，国务院及有关部门 2015～2019 年发布的有关黑臭水体治理的文件见表 2-1。国务院于 2015 年印发的《水污染防治行动计划》（简称"水十条"）将"整治城市黑臭水体"作为重要内容，并提出明确要求：加大黑臭水体治理力度，每半年向社会公布治理情况；地级及以上城市建成区应于 2015 年底前完成水体排查，公布黑臭水体名称、责任人及达标期限；于 2017 年底前实现河面无大面积漂浮物，河岸无垃圾，无违法排污口；于 2020 年底前完成地级及以上城市建成区黑臭水体均控制在 10%以内的治理目标；直辖市、省会城市、计划单列市建成区要于 2017 年底前基本消除黑臭水体[2, 3]。

表 2-1　国务院及有关部门 2015～2019 年发布的有关黑臭水体治理的文件

机构	发布日期	文件编号	文件名称
国务院	2015-04-02	国发〔2015〕17 号	《国务院关于印发水污染防治行动计划的通知》
住房和城乡建设部、环境保护部	2015-08-28	建城〔2015〕130 号	《住房和城乡建设部　环境保护部关于印发城市黑臭水体整治工作指南的通知》
国务院	2016-11-24	国发〔2016〕65 号	《国务院关于印发"十三五"生态环境保护规划的通知》
环境保护部、国务院有关部门	2016-12-06	环水体〔2016〕179 号	《关于印发〈水污染防治行动计划实施情况考核规定（试行）〉的通知》
住房和城乡建设部、环境保护部	2017-05-07	建办城函〔2017〕249 号	《关于做好城市黑臭水体整治效果评估工作的通知》
中共中央办公厅、国务院办公厅	2016-11-28	厅字〔2016〕42 号	《中共中央办公厅　国务院办公厅印发〈关于全面推行河长制的意见〉的通知》
住房和城乡建设部办公厅、环境保护部办公厅	2017-03-18	建办城函〔2017〕216 号	《住房和城乡建设部办公厅　环境保护部办公厅关于对部分城市黑臭水体实行重点挂牌督办的通知》
第十二届全国人民代表大会常务委员会	2017-06-27	中华人民共和国主席令第七十号	《中华人民共和国水污染防治法》（2017 年修正）
生态环境部办公厅、住房和城乡建设部办公厅	2018-08-14	环办水体函〔2018〕111 号	《关于开展 2018 年城市黑臭水体整治环境保护专项行动的通知》
生态环境部办公厅、住房和城乡建设部办公厅	2018-08-14	环办水体函〔2018〕861 号	《关于开展省级 2018 年城市黑臭水体整治环境保护专项行动的通知》
中共中央、国务院	2018-06-16	中发〔2018〕17 号	《中共中央　国务院关于全面加强生态环境保护　坚决打好污染防治攻坚战的意见》
住房和城乡建设部、生态环境部	2018-09-30	建城〔2018〕104 号	《住房和城乡建设部　生态环境部关于印发城市黑臭水体治理攻坚战实施方案的通知》
住房和城乡建设部城市建设司、生态环境部水生态环境司	2019-02-27	建办城函〔2017〕249 号	《关于进一步做好 2018 年城市黑臭水体整治评估工作的通知》

　　为贯彻落实"水十条"，住房和城乡建设部、环境保护部于 2015 年联合发布了《城市黑臭水体整治工作指南》，为地方各级人民政府组织实施城市黑臭水体的排查与识别、整治方案的制定与实施、整治效果评估与考核、长效机制建立与政策保障等工作提供指导。进而，环境保护部会同国务院有关部门于 2016 年印发的《水污染防治行动计划实施情况考核规定（试行）》，对城市黑臭水体整治工作进展及整治成效提出了明确的考核要求。

　　国务院于 2016 年印发的《"十三五"生态环境保护规划》中，再次明确要求"大力整治城市黑臭水体"[4]。中共中央办公厅、国务院办公厅于 2016 年印发的《关于全面推行河长制的意见》，也将"加大黑臭水体治理力度"列为河长的主要任务之一。

　　为落实国务院"水十条"城市黑臭水体整治工作任务，依据《城市黑臭水体整治工作指南》，2017 年住房和城乡建设部、环境保护部细化了城市黑臭水体整治效果评估要求，联合发布了《关于做好城市黑臭水体整治效果评估工作的通知》（建办城函〔2017〕249 号），要求直辖市、省会城市、计划单列市城市黑臭水体整治要在 2017 年底初见成效，2018 年达到长制久清；其他地级及以上城市黑臭水体整治要在 2019 年底初见成效，2020 年达到长制久清。整治后的黑臭水体经评估已达到长制久清的，可依据《城市黑臭水体整治工作指南》申请销号。

　　2017 年 6 月，第十二届全国人民代表大会常务委员会第二十八次会议通过的新修正的《中华人民共和国水污染防治法》中也规定，县级以上地方人民政府应当根据流域生态环境功能需要，组织开展江河、湖泊、湿地保护与修复，因地制宜建设人工湿地、水源涵养林、沿河沿湖植被缓冲带和隔离带等生态环境治理与保护工程，整治黑臭水体，提高流域环境资源承载能力。

　　在中共中央、国务院于 2018 年印发的《中共中央　国务院关于全面加强生态环境保护　坚决打好污染防治攻坚战的意见》中，将"打好城市黑臭水体治理攻坚战"作为打好碧水保卫战的主要内容之一[5]。为此，住房和城乡建设部与生态环境部联合发布了《城市黑臭水体治理攻坚战实施方案》，明确要求：到 2018 年底，直辖市、省会城市、计划单列市建成区黑臭水体消除比例高于 90%，实现基本长制久清。到 2019 年底，其他地级城市建成区黑臭水体消除比例显著提高，到 2020 年底达到90% 以上。鼓励京津冀、长三角、珠三角区域城市建成区尽早全面消除黑臭水体[6]。

　　根据生态环境部、住房和城乡建设部联合印发的《关于开展 2018 年城市黑臭水体整治环境保护专项行动的通知》（环办水体函〔2018〕111 号），生态环境部、住房和城乡建设部联合组织，于 2018 年 5～11 月按照督查、交办、巡查、约谈、专项督察"五步法"，启动了城市黑臭水体整治环境保护专项行动（简称"专项行动"），截至 2018 年 12 月，通过地方上报、公众举报、卫星遥感监测与地方核实相结合等手段，全国 295 个地级及以上城市中 232 个城市排查确认黑臭水体2720 个，完成整治工程的有 2294 个，占总数的 84.3%。全国 36 个重点城市（直辖市、省会城市、计划单列市）中 34 个城市排查确认黑臭水体 1062 个，完成整治工程的有 1009 个，占总数的 95.0%。长江经济带 110 个地级及以上城市排查确认黑臭水体 1254 个，完成整治工程的有 1037 个，占总数的 82.7%[7]。

2.1.2　城市黑臭水体排查情况

　　截至 2018 年底，在国家相关机构的监督和引导下，我国黑臭水体治理已经取得积极成效，全部已认定的 2100 个黑臭水体中，已有 1745 个黑臭水体得到治理，占比达 83%，正在治理中的黑臭水体个数为 264 个，而正在制订方案的黑臭水体数量为 91 个，见图 2-1。从地域分布来看，黑臭水体分布呈现南多北少，东多西少的现象，见图 2-2。

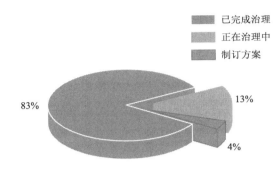

图 2-1　2018 年城市黑臭水体治理情况比例

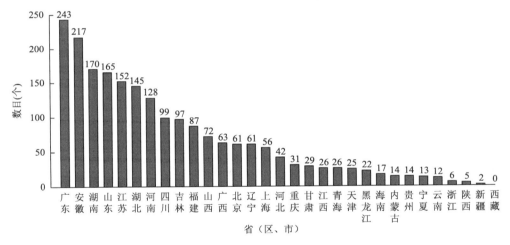

图 2-2　2018 年我国 31 个省（区、市）黑臭水体数量（不含港澳台）

2019 年我国黑臭水体治理进入攻坚阶段，为认真落实党中央、国务院打好城市黑臭水体治理攻坚战决策部署，2019 年 5 月 15 日～24 日，生态环境部组织开展了 2019 年统筹强化监督（第一阶段）工作，本轮强化监督里的城市黑臭水体治理专项是 2018 年专项行动的延续，会同住房和城乡建设部以长江经济带 11 个省市以及辽宁、山西两个国控断面水质较差的省份为重点，对全国地级及以上城市黑臭水体整治情况开展了现场排查。

从排查情况看，各地按照《城市黑臭水体治理攻坚战实施方案》要求，普遍加大工作力度，加快补齐城市环境基础设施短板，有效提升了城市水污染防治水平，但黑臭水体治理不平衡、不协调的情况依然突出，治理任务十分繁重。全国

259 个地级城市黑臭水体数量 1807 个, 消除比例 72.1%。其中, 长江经济带 98 个地级城市黑臭水体数量 1048 个, 消除比例 74.4%。根据排查结果, 全国共有 77 个城市黑臭水体消除比例低于 80%, 涉及广东 (13 个城市, 下同)、湖北 (8 个)、四川 (8 个)、辽宁 (6 个)、安徽 (5 个)、吉林 (5 个)、江苏 (4 个)、湖南 (4 个)、河南 (4 个)、黑龙江 (4 个)、江西 (3 个)、山东 (3 个)、山西 (2 个)、贵州 (2 个)、广西 (2 个)、河北 (2 个)、云南 (1 个)、陕西 (1 个)。其中, 四川内江、德阳、资阳、宜宾, 吉林辽源、四平、松原, 广东揭阳、清远, 江西九江、新余, 黑龙江鹤岗、佳木斯, 湖北黄冈, 贵州遵义, 辽宁本溪, 广西梧州, 河北张家口, 河南周口等 19 个城市消除比例为 0[8]。

2019 年 11 月 26 日～12 月 4 日, 生态环境部组织开展了 2019 年统筹强化监督 (第二阶段) 工作, 会同住房和城乡建设部, 对全国部分地级及以上城市黑臭水体整治情况开展了现场核查。

从核查情况看, 各地按照《城市黑臭水体治理攻坚战实施方案》的要求, 加快补齐城市环境基础设施短板, 黑臭水体治理取得积极进展, 但部分城市整治进展滞后, 治理任务十分繁重。根据地方上报和核查, 截至 2019 年底, 全国 295 个地级及以上城市 (不含州、盟) 共有黑臭水体 2899 个, 消除数量 2513 个, 消除比例 86.7%。其中, 36 个重点城市 (直辖市、省会城市、计划单列市) 有黑臭水体 1063 个, 消除数量 1023 个, 消除比例 96.2%；259 个其他地级城市有黑臭水体 1836 个, 消除数量 1490 个, 消除比例 81.2%。全国共有 57 个城市黑臭水体消除比例低于 80%, 涉及广东 (12 个城市, 下同)、湖北 (7 个)、四川 (7 个)、辽宁 (2 个)、安徽 (4 个)、吉林 (3 个)、江苏 (1 个)、湖南 (4 个)、河南 (3 个)、黑龙江 (3 个)、山东 (2 个)、山西 (3 个)、贵州 (2 个)、江西 (4 个)。其中, 四川资阳, 江西九江、新余, 黑龙江鹤岗, 湖北黄冈, 贵州遵义, 辽宁本溪, 7 个城市消除比例为 0[9]。

但是, 已经完成治理的河道若得不到长效维持, 依然存在较高的水质再次恶化的风险, 因此, 我国城市黑臭水体的治理任务依然十分艰巨。

2.1.3　城市黑臭水体治理目标

1. 感官目标

达到水体清澈透亮, 无特殊气味, 不滋生过量的水生浮游植物。

2. 理化目标

达到国家水质标准, 满足生产用水 (农业类)。

3. 生态目标

在保证水体水质的前提下，努力营造人与自然和谐共处的生态美景。

2.2　城市黑臭水体综合整治存在的问题

1. 法律体制不同步，公民参与不积极

为确保城市黑臭水体治理工作的有序开展，政府部门相继出台了《城市黑臭水体整治工作指南》《城市黑臭水体治理攻坚战实施方案》等一系列政策，但细化的法律法规相对滞后，同时存在法治不严密、执法不到位、惩处不得力等问题。城市黑臭水体的治理和保护不仅需要法律作为保障，更需要社会全员的共同参与，随着水治理工作的不断开展，公民的参与和监督意识逐渐形成，但还不够积极，有待进一步提高。

2. 治理技术不完善，治理方法不系统

我国对于城市黑臭水体治理的关键技术研究有待进一步提升，原型观测与模型等基础研究需要进一步开展。黑臭水体的形成机理十分复杂，其治理过程也是一项系统性工程，部分城市的黑臭水体治理不经过综合分析，仅寄希望于污水截流、清淤、护岸等治理措施，治理手段单一，导致在治理的过程中投入了大量的人力、物力、财力，却效果甚微。

3. 城市排水系统不健全，雨天溢流现象突出

1）排水管网运维机制不完善

污水主干管道、分支管道和入户管道存在多头管理现象，责任落实不到位，错接混接现象普遍，缺乏长期有效监管。部分城市存在雨污管混接错接等问题，存在雨水口旱天排污现象。

2）合流制溢流污染问题突出

多数城市合流制管网截留倍数偏低，源头雨水减量不够，溢流口普遍缺乏自动控制设施，造成合流制区域频繁溢流，多雨地区尤为突出。

3）污水收集及处理能力不足

部分城市污水收集能力不足，存在生活污水未接入截污管网、污水直排入河等问题，尤其是城中村和老旧城区排水管网不完善，收水能力不足，污水直排。部分城市污水处理能力不足，存在污水处理设施出水水质不达标、超负荷运行等问题。

4. 底泥污染治理不规范，二次污染风险较高

1）底泥清淤缺乏科学指导

相当部分涉及底泥治理的水体未进行底泥污染调查评估，导致清淤不足或过度清淤等问题，有些黑臭水体治理后依然存在翻泥现象。

2）清淤底泥转运过程监管不到位

部分城市清淤底泥运输过程未建立台账，或底泥转运过程多次转手，缺乏有效监管。

3）清淤底泥处理处置不规范

相当一部分水体的清淤底泥未安全处置，表现为多数清淤底泥未进行检测，或清淤底泥重金属超标，但未按相关规范开展危险废物鉴定和处理处置工作，存在二次污染隐患。

5. 垃圾清捞处理不到位，保洁长效管理未建立

1）在河岸随意堆放垃圾

部分黑臭水体蓝线范围内存在非正规垃圾堆放点或正规垃圾堆放点超范围堆放，垃圾、垃圾渗滤液随雨水入河，造成污染；日常监管不到位，收集转运不及时，存在垃圾清运车清洗废水直排入河，沿岸违规倾倒或堆放垃圾。

2）河面漂浮物及河底垃圾未清理

部分河面漂浮物清理工作不到位，河面存在大面积漂浮物；沿河管护不到位，垃圾倾倒入河。

3）建筑垃圾无序堆放

多个黑臭水体蓝线范围内存在堆弃残留的大量建筑垃圾，有些混杂生活垃圾。

6. 部分城市治理方案科学性有待提高，工程措施针对性不足

1）水体黑臭成因识别不清

多数黑臭水体未按照《城市黑臭水体整治工作指南》的要求开展污染源调查和环境条件调查工作，存在调查不够细、底数不够清的问题，未能精准识别水体黑臭成因。

2）主体工程针对性不强

部分城市未按照黑臭水体整治目标设置主体工程，或主体工程未针对主要污染问题，导致治理效果未达预期，返黑返臭的风险较高。

3）缺乏跨市跨区统筹治理机制

存在跨市跨区的黑臭水体按行政区分段治理的现象，治理方案缺乏系统性和统一性，导致上下游、左右岸治理不同步、不协调。

7. 污染防治理念不合理，利用河道治污现象普遍

1）未实质开展控源截污

沿岸污水未经截留控制，直排入河，仅在河道内采取曝气等简易措施处理污水，未能有效降解或去除水体污染物。

2）生态修复措施不科学、不规范

部分城市不注重河道自然生态恢复，过分强调人工措施，如用生态浮岛覆盖河面，严重影响水下生物正常生长，并对河道行洪能力造成负面影响。

3）滥用药剂、菌剂

在黑臭水体治理中大量使用药剂、菌剂，且未评估是否对水环境和水生态系统产生不利影响[10, 11]。

2.3　北方城市黑臭水体特征

黑臭水体按生态补水的多少可分为水体流量大和水体流量小的水体；按流动性可分为封闭水体和流动水体；按位置可分为城市内河建城区水体、城乡接合部水体及农村水体；按地理位置、气候特点可分为北方水体、南方水体和热带水体。

沈阳市位于东经 122°25′9″～123°48′24″、北纬 41°11′51″～43°2′13″之间，四季分明，属于典型的北方城市，沈阳市的黑臭水体治理可代表北方黑臭水体治理的共同特点。

我国北方地区水资源量相对短缺，同时受到地形地势等条件控制，北方河流普遍具有如下三个特征。

（1）水量相对较小，远小于南方河流。补给水源通常以雨水补给为主[15]。

（2）北方河流多为季节性河流，降雨历时短，强度大，产流快，河流洪、枯水流量变化大，洪水暴涨猛落，多为单峰形式。

（3）河流有结冰封冻现象。冬季断流，春季二、三月冰凌融化形成桃花水。

基于上述自然环境状况，北方河段在生态修复上具有以下特征：水量有限，自身缺少足够的清水去稀释污水，通常表现为污水量大于径流量。

2.4　国内黑臭水体研究进展

1996 年，上海苏州河的环境治理拉开了我国黑臭水体治理的序幕。近年来，由于经济快速发展，城镇化速率加快，公共基础设施建设滞后，黑臭水体的治理逐渐受到中央、地方政府的高度重视，相关管理政策的编制快速开展，相关学者也马不停蹄地进行相应治理、管理方面的研究。

程庆霖等根据城市黑臭河道的污染水体特点，采用物理、化学、生物-生态三方面介绍城市黑臭河道末端主要治理方法[12]。

吴林林进行了黑臭河道净化试验研究及综合治理工程应用，运用截污、清污、调水等工程措施治理城市黑臭河流，并用生物修复措施对城市黑臭河流进行了整治[13]。

胡洪营等[14]、王蕾蕾[15]利用外源减排、内源控制、水质净化、补水活水、生态修复五大措施从黑臭水体的病因出发，提出了治理技术选择和方案制定。

王旭等从黑臭水体形成化学机理、黑臭水体污染源角度出发，应用综合评价法、黑臭评价指标、多元线性回归模型以及黑臭指数法四个方法对黑臭水体进行评价对比和总结[16]。

赵越等根据北京、上海、广州等地黑臭水体治理案例，并结合《水污染防治行动计划》对黑臭水体治理从源头预防、系统治理和公众监督等理论方面进行了总体理论设计，并提出一系列考核理论方案[17]。

陈玉辉根据"黑臭"和"富营养化"两个概念，从调查、评价、机理及预测四方面较为系统地对城市黑臭河道富营养化进行研究[18]。

赵志萍采用微生物修复技术，利用微生物的新陈代谢功能、基因的多样性，使大分子有机污染物向小分子无机污染物转化[19]。

刘成采用河道底泥原位修复技术，在间歇曝气作用下使用生物促生剂和微生物菌剂对河道底泥进行模拟修复，并对水体水质的净化进行研究[20]。

杨洪芳针对城市黑臭水体的主要影响因子和评价指标，总结了黑臭水体治理理论[21]。

根据上述研究，目前我国已经从源头减排、过程阻断和末端治理（末端河流水质治理、末端河流生境恢复、末端河流岸带修复）、长效机制四个方面开展水污染全过程治理思路，并引进国外先进的、已颇有成效的治水新技术并协同传统的治水方法，已经形成多技术融合治水模式。

2.5　国外黑臭水体研究进展

发达国家在经济快速发展过程中，由于缺乏相关健全的法律制度，同时没有配套相关基础设施等，同样发生过黑臭水体的状况，如法国塞纳河、韩国清川溪等。

发达国家在治理黑臭水体过程中积累了宝贵的经验，总结起来有两点。

（1）注重相关治理标准的设立和完善。

（2）制定了切合相关黑臭水体流域特征的治理措施。

治理手段主要是针对排污管网系统的建设、大力发展污水处理以及流域生态环境的修复三个方面进行。

　　治理黑臭水体除了保证污水管网设施的科学合理之外，还应当配置大量的污水处理厂对污水进行处理，国外发达国家用大量的资金投入、长时间建设保证了污水处理厂的高普及率，满足了城市日常污水处理的需要，数据显示，发达国家在大力建设污水处理厂的过程中，所投入资金的比例达到国民生产总值的0.53%～0.88%。

　　黑臭水体产生的另一个主要原因是流域生态环境系统遭到严重破坏，导致水体失去自我净化能力，因此要想使黑臭水体得到彻底治理，必须恢复流域生态系统，净化水体往往采用水培植物净化法、水生植物和滤材结合法，这些方法维护成本低，容易达到水体净化的标准。日本在治理黑臭水体的过程中多采用这类方法，不仅实现了水体净化，还在某种程度上恢复了所治理水域的生态环境，日本考虑到水系内的水量、水质变化的不确定因素很大，从长远的方向考虑，不可能一步到位，一劳永逸，因此规定在治理过程中根据新出现的情况对水污染治理法律规范条文进行修订完善调整，在治理过程中不断优化，每年日本政府都投入大量的水污染治理资金，从财政方面保障治理工作的顺利进行。

　　表 2-2 列出了几个国外黑臭河道治理典型案例。

表 2-2　国外黑臭河道治理典型案例[22]

河流名称	问题分析	治理思路	治理效果
英国伦敦泰晤士河	19 世纪以来，随着工业革命的兴起，河流两岸人口激增，大量工业废水、生活污水未经处理直排入河，沿岸垃圾随意堆放，1858 年发生"大恶臭"事件	①通过立法严格控制污染物排放；②修建污水处理厂及配套管网；③从分散管理到综合管理；④加大新技术的研究及应用	20 世纪 70 年代，重新出现鱼类并逐年增加。80 年代后期，无脊椎动物达到 350 多种，鱼类达到 100 多种，包括鲑鱼、鳟鱼、三文鱼等名贵鱼种。目前泰晤士河水质完全恢复到工业化前的状态
韩国首尔清溪川	20 世纪 40 年代，随着城市化和经济的快速发展，大量生活污水和工业废水排入河道，后来又实施河床硬化、砌石护坡、裁弯取直等工程，严重破坏了河流自然生态环境，导致流量变小、水质变差，生态功能基本丧失。50 年代政府用水泥板封盖河道，使其长期处于封闭状态，几乎成为城市下水道。70 年代河道封盖上建设 4 车道公路，并修建 4 车道高架桥，一度被视为"现代化"标志	①疏浚清淤；②全面截污；③外部注水保持水量	在生态环境效益方面，清溪川成为重要生态景观，除生化需氧量和总氮两项指标外，各项水质指标均达到韩国地表水一级标准。在经济社会效益方面，由于生态环境、人居环境的改善，周边房地产价格飙升，旅游收入激增，带来的直接效益是投资的 59 倍，附加值效益超过 24 万亿韩元，并解决了 20 多万个就业岗位
德国埃姆舍河	流域煤炭开采量大，导致地面沉降，致使河床遭到严重破坏，出现河流改道、堵塞甚至河水倒流的情况。19 世纪下半叶起，鲁尔工业区的大量工业废水及生活污水直排入河，河水遭受严重污染	①雨污分流改造和污水处理设施建设；②采取"污水电梯"、绿色堤岸、河道治理等措施修复河道；③统筹管理水环境、水资源	河流治理工程预算为 45 亿欧元，已实施了部分工程，预计还需几十年时间才能完工，目前，流经多特蒙德市的区域已恢复自然状态

续表

河流名称	问题分析	治理思路	治理效果
法国巴黎塞纳河	20 世纪 60 年代初，严重污染导致河流生态系统崩溃，仅有两三种鱼勉强存活。污染主要来自四个方面，一是上游农业过量施用化肥农药；二是工业企业向河道大量排污；三是生活污水与垃圾随意排放，尤其是含磷洗涤剂使用导致河水富营养化问题严重；四是下游的河床淤积，既造成洪水隐患，也影响沿岸景观	①截污治理；②完善城市下水道；③削减农业污染；④河道蓄水补水	经过综合治理，塞纳河水生态状况大幅改善，生物种类显著增加，但是沉积物污染与上游农业污染问题依然存在，说明城市水体整治仅针对河道本身是不够的，需进行全流域综合治理

参 考 文 献

[1]　林长喜，吴晓峰，曲风臣，等. 我国城市黑臭水体治理展望[J]. 化学工业，2017，35（05）：65-68.

[2]　国务院. 国务院关于印发水污染防治行动计划的通知（国发〔2015〕17 号）[EB/OL]. http://www.mee.gov.cn/zcwj/gwywj/201811/t20181129_676575.shtml[2020-06-16].

[3]　王谦，高红杰. 我国城市黑臭水体治理现状、问题及未来方向[J]. 环境工程学报，2019，13（3）：507-510.

[4]　国务院. 国务院关于印发"十三五"生态环境保护规划的通知（国发〔2016〕65 号）[EB/OL]. http://www.mee.gov.cn/zcwj/gwywj/201811/t20181129_676583.shtml[2020-06-16].

[5]　中共中央，国务院. 中共中央 国务院关于全面加强生态环境保护 坚决打好污染防治攻坚战的意见[EB/OL]. http://www.mee.gov.cn/zcwj/zyygwj/201912/t20191225_751571.shtml[2020-06-24].

[6]　住房和城乡建设部，生态环境部. 住房和城乡建设部 生态环境部关于印发城市黑臭水体治理攻坚战实施方案的通知[EB/OL]. https://www.mohurd.gov.cn/gongkai/fdzdgknr/tzgg/201810/20181015_237912.html[2020-06-24].

[7]　生态环境部. 2018 年城市黑臭水体整治环境保护专项行动启动[EB/OL]. http://www.mee.gov.cn/gkml/sthjbgw/qt/201805/t20180507_436554.htm[2020-06-25].

[8]　生态环境部. 生态环境部公布 2019 年统筹强化监督（第一阶段）黑臭水体专项排查情况[EB/OL]. http://www.mee.gov.cn/xxgk2018/xxgk/xxgk15/201907/t20190705_708676.html[2020-07-05].

[9]　生态环境部. 关于 2019 年统筹强化监督 （第二阶段）黑臭水体专项核查情况的通报况[EB/OL]. http://www.mee.gov.cn/ywgz/ssthjbh/dbssthjgl/202001/t20200116_759626.shtml[2020-07-16].

[10]　李斌，柏杨巍，刘丹妮，等. 全国地级及以上城市建成区黑臭水体的分布、存在问题及对策建议[J]. 环境工程学报，2019，3（3）：511-518.

[11]　杨潞，孙雷. 黑臭水体整治工程中控源截污技术探讨[J]. 科技创新与应用，2019，266（10）：144-145.

[12]　程庆霖，何岩，黄民生，等. 城市黑臭河道治理方法的研究进展[J]. 上海化工，2011，36（2）：25-31.

[13]　吴林林. 黑臭河道净化试验研究及综合治理工程应用[D]. 上海：华东师范大学，2007.

[14]　胡洪营，孙艳，席劲瑛，等. 城市黑臭水体治理与水质长效改善保持技术分析[J]. 环境保护，2015，43（13）：24-26.

[15]　王蕾蕾. 探讨我国北方区域黑臭水体主要类型及其治理方法[J]. 山东工业技术，2018，276（22）：29.

[16]　王旭，王永刚，孙长虹，等. 城市黑臭水体形成机理与评价方法研究进展[J]. 应用生态学报，2016，27（4）：1331-1340.

[17]　赵越，姚瑞华，徐敏，等. 我国城市黑臭水体治理实践及思路探讨[J]. 环境保护，2015，43（13）：27-29.

[18]　陈玉辉. 典型城市黑臭河道治理后的富营养化分析与预测研究[D]. 上海：华东师范大学，2013.

[19]　赵志萍. 河流黑臭水体的微生物修复研究[D]. 咸阳：西北农林科技大学，2007.

[20]　刘成. 生物促生剂联合微生物菌剂修复城市黑臭河道底泥实验研究[D]. 南宁：广西大学，2012.

[21]　杨洪芳. 上海城区水体黑臭主要影响因子及治理案例比较研究[D]. 上海：上海师范大学，2007.

[22]　张显忠. 国外黑臭河道治理典型案例与技术路线探讨[J]. 中国市政工程，2018，196（1）：36-39，42，97.

第3章 黑臭水体调查、评价、分级判定及其成因与机理

3.1 黑臭水体调查

3.1.1 主要调查内容

现场主要调查内容包括调查点位全球定位系统（global position system，GPS）及位置描述，现场测定水体透明度、水深、河宽、流速、水温、DO 含量、氧化还原电位，同时观察记录水体颜色、气味、河岸类型、河床现状、周边植被及动物情况，并对污染源状况进行详细描述，包括污染源类型、位置、排口位置、排放量、污水的颜色和气味等。采集对应点位的水样和底泥样品，将其送回实验室进行分析。

3.1.2 植物调查

植物调查分上游、中游、下游对河流开展植被调查，主要调查内容包括优势物种、植被覆盖率以及护坡类型等。

3.2 黑臭水体评价

3.2.1 黑臭水体评价原则

建立评价指标的最终目的就是通过选择适当的度量评价指标，定性或定量反映城市黑臭水体全过程治理所处的现状。但是，评价研究的指标涉及多领域、多学科，且范围广。建立指标的重中之重是筛选出最直观、最具代表的评价因子。在筛选评价指标的过程中，应遵循的评价基本原则如下。

（1）代表性原则：确立评价的指标因子时，应充分调研所需整治河流的属性，避免在建立评价指标体系时盲目或依照经验判断确定评价指标因子的状况；黑臭水体的治理不仅仅是水质的达标，更重要的是与生态健康相对称，与人文景观相和谐。

（2）整体性原则：对城市黑臭水体的治理措施评价，贯穿于城市黑臭水体的

全过程。指标体系的选择要突出整体性，要考虑城市化对河流环境的变化起决定性作用，又不能忽视间接对城市河流污染有影响的评价因子。

（3）前瞻性原则：由于高速城市化，城市河流污染严重，城市的可持续发展则需要更具有前瞻性、先进性、智慧性的理念。在城市河流整治之初与已有成功经验的发达国家、城市进行深度交流并向其学习；对未来城市河流整治的效果及维护等诸多因素做出判断。

（4）可操作性原则：在整治措施评价的指标体系选取过程中，应注意选择那些概念明确且易于量化、操作性强、可靠性较强的评价数据，以保证得出的评价结果更具科学性和说服力。

3.2.2　黑臭水体评价方法

现行评价黑臭水体的方法指标众多，有如下几类。以物理角度去划分黑臭程度，主要基于人的感官体验，通过与黑臭水体的距离来判断黑臭的等级程度，分为无臭、微臭、黑臭、恶臭四个类别：当靠近水面才可以闻到气味则划分为微臭；当站在河道旁边就可以闻到散发的味道，划分为黑臭；而在距离河道 1m 以外处就能感觉到臭味，就判定为恶臭。然而此方法判别黑臭水体等级时受到人的主观影响，人与人之间的感受差异很大，因此难以作为统一的划分标准推广开来。以化学角度去划分黑臭程度，可分为单一指标法和多指标综合法两类。单一指标法中较为常见的有溶解氧（DO）、色度（chromaticity，CH）、黑度和氧化还原电位（oxidation-reduction potential，ORP）等指标。当以溶解氧作为单一指标来判定水体是否黑臭时，以水中溶解氧 2.0mg/L 来作为划分标准，高于此值即可认定该水体为黑臭水体。色度可以作为衡量被污染水体变黑的指标，相关研究表明，色度指标对城市河流黑臭水样的判对率可以达到 100%，当色度值大于 21.5 时，可认定水体为黑，即属于黑臭水体，反之则为不黑，属一般类水体。黑度与水体中悬浮颗粒直接相关，黑度是悬浮颗粒与水体本身颜色叠加的结果，实验室提取表明，悬浮物中的黑褐色和黄褐色物质为腐殖质和富里酸，所以黑度主要是由这两种物质决定，并且利用黑度来指示水体黑臭程度是合理的。实验结果表明，黑度对于评定生活污水和有机物造成的黑臭效果较好，但不适用于工业有色污水。氧化还原电位监测具有简易便捷的优势，同时与部分黑臭因子 DO、S^{2-}、pH 具有很好的相关性，能够单独作为水体黑臭程度的评定标准，相关研究表明，建立氧化还原电位为黑臭水体标准，在排污口和污染河流汇集处，氧化还原电位大于 50mV 时判定水体为不黑臭状态，当氧化还原电位在–200～50mV，水体表现为开始出现黑臭状态；当氧化还原电位小于–200mV 时，可以判定水体处于十分严重的黑臭状态。

　　实际应用中单一指标法具有便捷灵活等优点，能够很快对被测水体给出评判结果，缺点如下：一方面，仅靠单独某一项指标很难全面描述水体的实际情况，可能造成判断结果不准确；另一方面，即使应用同一指标判断水体黑臭程度，不同的实验者由于经验或参考临界值不同，对目标水体的判断结果也会有所差别，因此整体上来看，应用单一指标法判别黑臭水体很难保证结果的准确性和有效性。

　　多指标综合法主要是建立与黑臭水体有关的各水质要素如 DO、BOD_5、COD_{Cr}、氨氮等的描述方法，对每一项的指标建立阈值，再通过每一项的比较来对水质分类。

　　对于多指标综合法，有学者对黑臭水体中 DO、BOD_5 和水相中硫酸盐还原菌数进行测定和分析。结果表明，DO、BOD_5 和水相中硫酸盐还原菌数，与水体黑度相关性较高。当水体黑度小于 21.5、DO 大于 1.8mg/L、BOD_5 小于 14mg/L、产生硫酸盐还原菌数小于 2000 个/mL，判定为黑臭水体。多指标综合法在实际应用中与单一法类似，均较为快捷，但往往全部指标都符合临界值要求时，仍无法准确得出研究水体是否黑臭，可靠性并不高。

　　传统的水质评价方法只能评价水体水质级别，无法评价出水体黑臭程度。常用一定的指数描述水体黑臭现象。但迄今为止，国内外关于水体核查尚无公认的、完全通用的评价方法和标准。

　　研究表明，黑臭水体水环境主要评价指标及其临界值如表 3-1 所示。

表 3-1　住房和城乡建设部规定的黑臭水体水环境主要评价指标及其临界值

评价指标	临界值
溶解氧（DO）	水环境性能的重要指标，DO＜2.0mg/L
氨氮（NH_4^+-N）	发臭重要因子，NH_4^+-N＞8mg/L
透明度	黑臭程度的重要物理指标（色阈值法），＜25cm
氧化还原电位（ORP）	综合指标，ORP＜50mV

3.3　黑臭水体的分级与判定

3.3.1　分级标准

　　根据黑臭程度的不同，可将黑臭水体细分为"轻度黑臭"和"重度黑臭"两级。黑臭水体的识别和判定可为黑臭水体整治计划的制定和整治效果的评估提供重要的依据。《城市黑臭水体整治工作指南》规定，黑臭水体污染程度分级标准见表 3-2。

表 3-2 黑臭水体污染程度分级标准

特征指标	城市水体级别		
	无黑臭	轻度黑臭	重度黑臭
透明度（cm）	>25	10～25*	<10*
溶解氧（mg/L）	>2.0	0.2～2.0	<0.2
氧化还原电位（mV）	>50	−200～50	<−200
氨氮（mg/L）	<8.0	8.0～15	>15

*水深不足 25cm 时，该指标按水深的 40%取值

3.3.2 布点与测定频率

水体黑臭程度分级判定时，原则上可沿黑臭水体每 200～600m 间距设置监测点，且每个水体的监测点不少于 3 个。取样点一般设置于水面下 0.5m 处，水深不足 0.5m 时，应设置在水深的 1/2 处。原则上间隔 1～7 日监测 1 次，至少监测 3 次。

3.3.3 黑臭水体级别判定

对于某监测点的 4 项指标中，如 1 项指标 60%以上数据或不少于 2 项指标 30%以上数据达到重点黑臭级别的，该监测点应认定为重度黑臭，否则可认定为轻度黑臭。连续 3 个以上监测点认定为重度黑臭的，监测点之间的区域应认定为重度黑臭；水体 60%以上的监测点被认定为重度黑臭的，整个水体应认定为重度黑臭。

3.4 黑臭水体形成原因及机理

3.4.1 黑臭水体形成原因

1. 有机污染物污染

有机污染物污染是导致河流黑臭的主要影响因素之一。随着城镇化和工业化

的发展，城市规模不断扩大，城市居住人口激增，工业企业数量不断增加，污水排放量逐年增加且相对集中，但排水管网及污水处理厂等截污治污设施相对落后，污水处理厂处理能力不足，造成城市工业企业污水及生活污水不能全部纳管，部分工业污水简单处理后排放，大量生活污水直排入河。加上城市地表径流污染负荷较大，下雨时大量雨污混合水入河，大量污染物被排入水体。城市河流中的有机污染主要是外源输入的含有碳、氮、磷的有机污染物以及一些腐殖质。当外源输入的污染物远远超过河流水体自身的净化能力时，一部分被水中微生物分解用于自身生长繁殖，促使水体中微生物量增加，加速水体黑臭；另一部分则沉积到河流底泥中成为内源性污染物。水体中的耗氧微生物吸附的水中颗粒状、难溶性有机物先经一系列生化作用转化为溶解性有机物，溶解性有机物被吸收进入体内经分解转化为小分子有机物，部分矿化为 CO_2、H_2O。水体中大量溶解氧在这一转化过程中被消耗，使水体逐渐呈现厌氧状态，致使水体中的厌氧微生物大量生长繁殖，生命活动活跃，厌氧微生物在适宜的水温条件下，将小分子有机污染物进一步厌氧发酵、分解转化为易挥发的硫化氢、氨等难闻气体，使水体发臭，而且水中含氮有机物和含磷化合物的降解过程耗氧量更大，当含氮磷污染物浓度高时，水体中溶解氧迅速下降，黑臭现象出现时间较短。另外，有一部分有机污染物会趋向水体表面，并在表面富集形成一层以极性羧基基团的化合物为主要成分的有机薄膜，破坏了气-水界面正常的物质交换，阻隔了大气中氧气溶于水中，加剧了水体的黑臭状况。

2. 无机污染物污染

无机污染物是水体致黑的重要污染物之一，且无机污染物对水体变黑的主要贡献在于重金属铁锰的污染。若排入河流中的污水铁、锰的含量超标，过量铁、锰元素在缺氧的水体中被还原为 Fe^{2+}、Mn^{2+}，与水体中微生物降解有机污染物产生的硫结合形成黑色颗粒物 FeS、MnS，导致水体变黑。另外，黑臭水体中的氮、磷无机盐含量要比正常水体高 3～10 倍，含氮、磷的无机盐类污染物排入水体后引起水体富营养化，能直接被微生物利用，一定程度上缩短了水体黑臭所需时间，水体富营养化能加速水体黑臭的形成。

3. 底泥等内源污染物污染

底泥是排入河流中各种污染物的主要归属之一，是城市水体的主要内源污染物，也是组成水体生态系统的重要部分之一，它作为内源污染促进水体的黑臭过程。较高浓度的污染物质进入水体后部分被水中微生物降解转化，未能被及时分解的部分颗粒状悬浮物、难溶性有机污染物经一系列物理或化学作用络合、沉淀到底泥中并不断积累，使底泥成为污染物的蓄积场所，致使底泥中的各种污染物质浓度都高于上覆水中的浓度，也因此在相同的环境条件下，底泥中的微生物耗氧速率要远远高于上覆水中的耗氧速率，加剧河道整体的耗氧速率。底泥-水界面存在着物质吸附与释放的动态平衡，在适当的情况下，底泥中的污染物质经扰动、解吸、生物转化等生物、物理、化学综合作用再悬浮释放到水体中，形成二次污染。一方面，底泥是微生物重要的活动场所，为微生物生长繁殖提供适宜条件，在厌氧环境中，厌氧微生物及放线菌将底泥发酵、分解，生成易释放的黑臭物质进入水体中，加重水体黑臭状态。微生物的作用使得底泥上浮进入水体是水体致黑致臭的主要原因，底泥中的微生物通过反硝化、甲烷化作用产生的 N_2、CH_4 等将黑臭底泥带入水体中，是造成水体黑臭的重要原因。另一方面，由于水流的冲击、扰动影响着底泥的状态，当水动力大时，底泥表面的颗粒很容易呈悬浮状态，与底泥颗粒结合不紧密的污染物质释放到上覆水中，增加水体中污染物负荷，并且也会影响污染物在底泥空隙中的传质速率，促使污染物质释放到上覆水中，这也会加剧水体黑臭程度。

4. 水体热污染

城市水体中往往会有大量较高温度的工业冷却水（火力发电厂、核电站、钢铁厂等）、污水处理厂退水、居民日常生活污水及石油、化工和造纸等工厂排出的生产性废水等排入，引起水体热污染，导致局部甚至整个水体水温升高。严重污染的城市河流通常在夏季黑臭现象更严重，一方面，是由于水体温度影响水中饱和溶解氧量，并且饱和溶解氧量与温度呈负相关性，水中的溶解氧量随温度的升高而降低，夏季温度高，水中饱和溶解氧量减少，复氧速率降低。另一方面，微生物的新陈代谢活跃程度与温度存在正相关性，水温升高时微生物的新陈代谢速度较快。好氧微生物适宜的生长繁殖温度范围一般为 16～330℃，夏季生物量大，耗氧量多，并且厌氧微生物生长繁殖的适宜温度范围在 8～35℃；水体温度达到 25℃时，放线菌的生命活动最活跃，水体易发生黑臭。水体温度低于 8℃或高于 35℃时，都会抑制放线菌的分解作用，阻碍了土臭素的产生。工厂向城市河流排放的大量高温冷却水，会使水体温度常年处于 8～35℃，水温升高，加快了微生物活动频率，从而加速水体形成黑臭。

5. 水中溶解氧

溶解氧是致使水体发生黑臭的主要因素之一，正常情况下，自然水体中复氧的速度远大于微生物分解污染物消耗溶解氧的速度。水中溶解氧量较高时，好氧微生物降解有机污染物更彻底，并且水中产生的挥发性恶臭物质硫化物、氨等易被氧化，减少释放到空气中的量，不会对空气质量造成损害，水体也不易形成黑臭现象；但当过量的污染物质进入水体时，微生物需要消耗大量的溶解氧来分解有机物质，此时的耗氧量远远超过复氧量，大气中的氧来不及溶解于水体中，造成水体缺氧，好氧微生物活动受抑制，有机物质不能被充分转化，分解不彻底的有机物被厌氧微生物利用，产生大量硫化物。研究发现，当水体中的溶解氧量大于 2mg/L 时，水体不会发生黑臭，反之，溶解氧量不足，则水体易致黑臭。

6. 水动力条件

水动力条件也是水体发生黑臭现象的重要因素之一，水动力条件对污染物的迁移、扩散起关键作用。城市河流出现黑臭现象大多是水量不足、水循环不畅或流速缓慢造成的，这直接引起水体缺氧，从而使水质恶化，最终导致水体黑臭。河道水流不畅，可导致水体中藻类浓度过高，水体出现霉臭味；或河道污泥淤积导致河床太高，水生植物疯长，造成河道流水不畅甚至形成死水，复氧能力衰退，自净能力削弱，导致水体环境恶化。同时河道的渠道化、硬质化，割裂了土壤与水体的渗透关系，阻断了水体自然循环过程，形成污染物积累，水体自净能力显著减弱，水体恶化敏感性增强，导致水体出现黑臭现象。当河流的径流量远远大于排入河流中的污水量时，污染物会被稀释，减弱了河流污染的程度，水体中微生物能够将污染物质充分降解，不会导致水体黑臭。但是，河流的径流量与排入水体中的污水量的比值小于 8∶1，会导致河流污染严重，容易使水体发生黑臭。城市水循环是水污染形成迁移转化等一系列过程的载体，又是影响其动力学过程的因素之一。水循环对水污染过程的作用主要从两方面体现：一是人类活动不断改变自然水循环的动力学过程，改变了河流特征，影响污染物的迁移转化过程，进而影响流域水环境状况。原水调配不合理和人工取用水量的增加在一定程度上减少了区域自然水循环通量；人工水循环过程中的耗水量增加又导致取用水量不断增加等而致使水体水量不足，黑臭现象易发；二是污染物伴随水循环过程也发生着迁移转换，水污染物在各水循环过程中会与环境中的其他物质及其自身相互反应，在水循环条件不具备时，部分生成物又会对环境造成二次污染，使水环境生态质量进一步降低[1, 2]。

7. 其他因素

1）上游污染

上游污染负荷对下游水体有两方面影响：一是已经受到污染的水体（河道）无法通过上游清洁水来进行水质的恢复；二是已治好的河道（如水和底泥）可能会再次被上游污水污染，加剧城市河道的黑臭程度。

2）潮汐

一些河段直接入海或距离入海口较近，涨潮时可能带来较高的污染负荷，例如高浓度的悬浮物以及一些垃圾，一方面是在退潮之前的高污染负荷，另一方面是在落潮时难以被完全带走，导致污染物长时间在河道内回荡，同时上游挟带的各种污染物无法排出而沉积于河道底泥中，长年累月容易引发黑臭。此外，涨潮会导致水中盐度上升，导致河湖水盐度发生变化，影响河湖中原有的水生态系统的物种类型以及自净能力等。

3）水系结构不合理

因城市发展、市政建设或其他历史原因，存在许多断头浜和淤塞型河道，甚至断流河段，水系连通性差。另外，河道沿岸存在许多排污口和排污沟，使河道的水系结构变得复杂，加大治理难度。

4）水体功能被异化

由于历史原因，一些大城市的老城区采用合流制，导致雨污混流，加上城市人口增速快，排水管网及污水处理厂等截污治污设施的建设跟不上，使城市周边的部分河道变化为接纳污水和雨水的通道，水体功能被严重异化。

5）水中植物腐烂

冬季水中植物无人管理，尤其是人工湿地中的植物无人管理，造成水体中植物尸体腐烂，加速了水体中底泥 CH_4 和 H_2S 等气体的产生，这些气体难溶于水，致使水体黑臭。

3.4.2 黑臭水体形成机理

1. 水体致黑机理

水体中的致黑物质主要有两种：一种是水体中固体形态或是吸附在悬浮颗粒上的不溶性黑色污染物质；另一种是溶于水的带色有机化合物，主要是腐殖质类有机物。FeS、MnS 是水体中的主要致黑成分，FeS、MnS 被水体中的腐殖酸及富里酸经过吸附络合形成悬浮性颗粒物，这些悬浮颗粒与水体变黑有直接关系。水体缺氧时，在厌氧微生物的生化作用下，生成致黑物质 FeS、MnS，形成过程如下：

$$含硫蛋白质 \longrightarrow 半胱氨酸 + H_2 \longrightarrow H_2S + NH_3 + CH_3CH_2COOH \tag{3-1}$$
$$SO_4^{2-} + 有机物 \longrightarrow H_2S + H_2O + CO_2 \tag{3-2}$$
$$Fe^{2+} + S^{2-} \longrightarrow FeS \downarrow \quad Mn^{2+} + S^{2-} \longrightarrow MnS \downarrow \tag{3-3}$$

影响水体中 Fe^{3+} 还原为 Fe^{2+} 的因素主要是有机污染物含量和微生物作用。铁的氢氧化物或铁氧化物与有机污染物结合形成络合物，铁被还原的速度和形成的表面络合物的浓度呈正相关性,有机污染物浓度越高,Fe^{3+}被还原为 Fe^{2+} 的速度越快,产生的 Fe^{2+} 量也越多。此外,三价铁还能与有机物分子中的羧基以及羟基结合形成 Fe—O 键,改变氧化还原电位,加快电子传递速度,同时也能加快 Fe^{3+} 被还原为 Fe^{2+} 的速度。难溶的固态三价铁化合物也可以经表面络合物作用转化为能溶于水的铁化合物,然后经过水环境中的还原剂作用而被还原。水体中有机污染物浓度迅速升高,能够使水体中 Fe^{2+} 的含量增加,可使水体变黑的程度更显著。微生物的作用主要表现在,当水体被严重污染时,水中好氧微生物消耗大量溶氧分解有机物,使水体呈现缺氧状态,此时水体中的厌氧微生物优势生长,这些厌氧微生物能够将分解有机物产生的电子供给 Fe^{3+},将其还原为 Fe^{2+};在厌氧条件下,铁还原细菌也能够直接将 Fe^{3+} 转化为 Fe^{2+}。有机污染物的含量和微生物生化作用的综合影响,使水体中 Fe^{2+} 的含量迅速增加。

水体中的硫主要是以无机硫和有机硫两种形态存在,无机硫主要包括单质硫、硫酸盐、硫化物;有机硫包括碳键硫、脂硫。当过量外源性的有机硫和硫酸盐排入水体后,一部分有机硫化物被微生物分解成简单的无机硫化合物,以硫化氢为主,过量的硫化合物沉降累积进入底泥中。在缺氧的状态下,水体及底泥中的硫酸盐还原菌将硫酸盐还原,产生大量的硫化氢。

水体中还原产生的大量 S^{2-} 与 Fe^{2+}、Mn^{2+} 结合形成金属硫化物,FeS、MnS 都是黑色沉淀物,与悬浮颗粒结合以悬浮状态存在于水体中。河流污染严重时,在高浓度有机污染物及微生物的综合作用下,产生的黑色悬浮物量很大,大量的黑色悬浮物使水体变黑程度明显。另外,排入河流中的污染物中含有能溶于水且带颜色的物质,通过累加作用,也会加重水体变黑的程度[2]。

2. 水体致臭机理

黑臭水体产生臭味的途径以及产生的恶臭物质很多,主要包括三个方面。一是河流水体严重污染时,水中厌氧微生物优势生长,降解有机污染物,代谢过程中会产生大量易挥发的恶臭物质,如硫化氢、氨等,使水体散发臭味。在厌氧环境中,硫酸盐还原菌可利用水体中的大量有机污染物作为电子供体,还原硫酸盐生成硫化氢,同时,有机污染物被分解产生硫化氢、氨等臭味物质。二是厌氧环境中,水解型厌氧菌先将大分子有机污染物水解成小分子有机物,硫酸盐还原菌利用这些小分子有机物降解含硫有机污染物,在硫酸盐还原菌及其他厌氧菌的共同作用下,含硫有机物被分解,产生的主要致臭物质——挥发性有机硫化合物(volatile organic sulfur compounds,VOSCs)包括:甲硫醇(MT)、甲硫醚(DMS)、二甲基二硫醚(DMDS)、羰基硫(COS)等。三是严重污染的水体中营养盐过剩,或者是水体处于缺氧状态时,水体中的放线菌、真菌、部分藻类大量生长繁殖，它们能够分解水体中的有机污染物，进行自身的生长繁殖活动，其代谢过程中能够分泌产生臭味物质 2-甲基异茨醇和土臭素，其也是水体中主要的臭味来源之一[2]。

参 考 文 献

[1]   王旭，王永刚，孙长虹，等. 城市黑臭水体形成机理与评价方法研究进展[J]. 应用生态学报，2016，27（4）：1331-1340.

[2]   孙韶玲. 水体黑臭演化过程及挥发性硫化物的产生机制初步研究[D]. 烟台：中国科学院烟台海岸带研究所，2017：1-9.

第4章　城市黑臭水体治理技术与措施

4.1　黑臭水体治理技术路线与原则

4.1.1　黑臭水体治理技术路线

参照《城市黑臭水体整治工作指南》的相关要求，城市黑臭水体治理的基本技术路线是围绕"控源截污、内源治理；活水循环、清水补给；水质净化、生态修复"展开的。控源截污是基础和前提，只有严格控制外来污染源，才能从根本上解决水体黑臭问题，避免黑臭现象反弹。内源治理是重要手段，通过采取相应的工程手段，有效削减内源污染物，达到显著改善水体水质的目的。补水活水及生态修复是水质长效改善和保持的必要措施，通过修复水体生态功能，改善河流水动力条件，增强水体自净能力。

查摆问题—分析原因—提出目标—制定方案—组织实施—长效保护，是黑臭水体治理所应当遵循的治理路线。

查摆问题要"全"，分析原因要"透"，这是确保黑臭水体整治有效开展的前提。造成水体黑臭的原因，大多是共性的，如工业和生活污染，有的还存在农业面源污染。但对不同水体来讲，更有个性的问题，尤其是在城市河道上，往往会有一些隐性问题，需要特别关注。开展黑臭水体环境问题诊断，分析黑臭成因，只有全面吃透水体污染影响因素，方能切中要害。

提出目标要"准"，制定方案要"细"，这是确保黑臭水体整治有效开展的关键。目标的提出，应建立在定性和定量分析的基础上，尤其要关注定量分析，核定入河污染物与污染负荷，精准定位具体、明确的整治目标。方案的编制，必须围绕目标，从问题导向入手抓重点、攻难点，逐项提出治理措施，找出从问题解决到目标实现的最佳路径。要坚持"调查研究、专家论证、公众参与、合法性审查、集体研究"等程序，保证方案的科学性、规范性、合法性。

组织实施要"实"，长效管护要"久"，这是确保黑臭水体整治取得预期绩效的保障。治理与维护，是紧密关联的，要治理，更要维护，两者并重，不可偏废。方案的实施，要项目化、工程化，确保控污污源、调控水力、改善水动力、修复与恢复生态等措施落实到位。尤其是对实施难度大的、持续时间长的，如污染源的取缔搬迁、老城区雨污分流改造等，要分步骤有计划地推进。水体的治理，不能一曝十寒，整治完成后，加强水体的长效综合管理、运行与维护至关重要，必须将管护责任落实到实处，确保稳步持续常态开展[1]。

4.1.2　黑臭水体治理原则

1. 一般要求

黑臭水体治理需"因地制宜、科学诊断、系统分析、技术集成及长效运行"。需根据水体污染程度及自净能力丧失程度、黑臭原因和所处阶段，有针对性地选择治理技术与措施。根据不同水文水质、治理目标、阶段，采用适宜技术并集成，实现对黑臭水体的治理、减负增容、不黑不臭、水质水生态长效改善和保持。在技术选择上，首先，要考虑到技术的全面性、经济性、安全性和适用性，选择成熟可靠的技术，不仅要实现治理目标，还要确保能够长期改善水质；其次，要考虑到不同治理方案的成本，不能仅依靠单一的技术，要根据不同的技术组合，选出经济合理的治理方案，实现黑臭水体的全面治理；最后，要考虑到治理技术实施后可能对水环境和水生态产生的不良影响，以免由于治理技术的应用造成更严重的生态破坏。不同治理技术的优势和适用范围不同，要根据目标水体的具体污染情况选择适用的治理技术。

2. 技术选择原则

黑臭水体整治技术选择应遵循环境效益与社会效益优先，以问题为导向，并遵循"适用、综合、经济、长效、安全"的原则[2]。

1）环境效益与社会效益优先

要核算技术的环境效益，效益大的优先实施。严守"问题—工程—环境效益—费用"路线；要满足百姓对良好水体的基本需求。

2）适用性

地域特征及水体的环境条件将直接影响黑臭水体治理的难度和工程量，需要根据水体黑臭程度、污染原因和整治阶段目标的不同，有针对性地选择适用的技术方法及组合。

3）综合性

城市黑臭水体通常具有成因复杂、影响因素众多的特点，其整治技术也应具有综合性、全面性。需系统考虑不同技术措施的组合，多措并举、多管齐下，实现黑臭水体的整治。

4）经济性

对拟选择的整治方案进行技术经济比选，确保技术的可行性和合理性。

5）长效性

黑臭水体通常具有季节性、易复发等特点，因此整治方案既要满足近期消除黑臭的目标，也要兼顾远期水质进一步改善和水质稳定达标。

6）安全性

审慎采取投加化学药剂和生物制剂等治理技术，强化技术安全性评估，避免对水环境和水生态造成不利影响和二次污染；采用曝气增氧等措施要防范气溶胶所引发的公众健康风险和噪声扰民等问题。

4.2　控　源　截　污

"黑臭在水里，根源在岸上，关键在排口，核心在管网"。做好黑臭河道治理首要是控源截污，控源截污包括截污纳管和面源控制两部分内容。

4.2.1　截污纳管

截污纳管是黑臭水体整治最直接有效的工程措施，也是采取其他技术措施的前提。19 世纪 80 年代，日本在治理琵琶湖时便采用此种措施使各处污水通过特定管网进入相应区域污水处理厂分别处理，以减轻琵琶湖的外源污染[3]。通过沿水塘、河岸、湖边铺设污水截流管线，并合理设置提升（输送）泵房，将污水截流并纳入城市污水收集和处理系统。对老旧城区的雨污合流制管网，应沿河岸或湖边布置溢流控制装置。无法截流污染源的，可考虑就地处理等工程措施。严禁将城区截流的污水直接排入城市河流下游[4]。

控源截污措施的优点是能彻底有效地杜绝点源污水排入水体。缺点是在施工过程中管道的铺设难度、工程量和投资均较大，需要较长的时间完成，施工期易引发交通拥堵问题，且由于管网一般埋在地下，后期维护、保养较为困难，因管道破损引起的渗漏具有隐蔽性。

实际应用中，应考虑溢流装置排出口和接纳水体水位的标高，并设置止回装置，防止暴雨和涨潮时倒灌。同时，截污纳管后污水如果对现有城市污水系统和污水处理厂造成较大运行压力，需要设置旁路污水处理设施。

4.2.2　面源控制

面源控制技术是通过控制雨水径流中的污染物含量从而减少水体的外源污染负荷，主要用于城市初期雨水、冰雪融水、畜禽养殖污水、地表固体废弃物等污染源的控制与治理。

城市初期雨水须结合海绵城市的建设，采用各种低影响开发（low impact development，LID）技术、初期雨水控制与净化技术以及生态护岸与隔离技术等，优先考虑建设调蓄池，通过植物吸收、生态净化等功能实现补水。畜禽养殖面源控制考虑源头集中处理、分散收集集中处理这两种模式，主要采用粪尿固液分离、粪便堆肥资源化利用、污水就地生态处理等技术。

面源污染涉及面较广，往往一个流域、一条主干河的周边区域都要进行规划，落实较难，设计也不容易，因此，通常采取末端措施，如河道湖泊的末端调控，而在面源污染控制过程中，由于存在设施占地、土地补偿等问题，农民大多不愿配合，故而该措施在我国农村推广较为困难。

4.3　内源治理

4.3.1　底泥疏浚

底泥疏浚是通过将受污染底泥清除出水体，直接减轻水体中致黑污染物负荷，从而达到削减水体中致黑污染物的目的。该技术早在 20 世纪 60 年代便被广泛研究与应用。

河道中底泥是污染物富集的大本营，是内源性污染的源头。尤其对于重度黑臭水体，清淤疏浚可以快速降低黑臭水体的内源污染负荷。其主要包括机械清淤、水利清淤和人工清淤等方式。

底泥疏浚作业中，沉积在底泥中的其他污染物可能会随着搅动被释放入水环境中，同时还会带出河底底栖生物、微生物，改变河流原本的生物群落结构，打破长期形成的生态平衡，可能会引发新的生态问题[5]。

在实际的工程中，针对不同的黑臭水体应综合分析底泥的污染程度，选择较为合适的处理手段，来达到采用较小的投入实现较好的底泥清淤效果的目的。当清淤结束后，应采用清水或再生水对河道进行补水，改善其水力和水循环条件，促进水体中污染物稀释、迁移和转化，这样既满足了治标的要求，也达到了治本的目的。

4.3.2　化学方法

化学方法是指添加化学药剂和吸附剂改变水体的氧化还原电位、pH，吸附沉淀水中悬浮物质和有机质等，从而使污染物得以从底泥中分离或降解转化为其他无毒化学形式。混凝处理只是污染物转移，对有机物和氮的处理效果有限，化学方法的暂时效果最为明显，但是十分容易造成水体的二次污染，且使用成本较高，常作为一种协助技术或应急控制技术[6]。国内外治理河涌所投加的化学药剂情况见表 4-1。

表 4-1　国内外治理河涌的化学药剂投加情况

药剂类型	投加剂	作用	优缺点
化学混凝剂	含铝或含铁的无机絮凝剂、高分子絮凝剂	靠絮凝、混凝作用去除污染物，使水华生物发生混凝反应而沉淀	见效速度快，而且对水体污染物可明显地净化去除，但处理成本较大，且处理效果容易恢复原样，铁盐、铝盐的投加对水体色度及生物活性也会造成影响
化学除藻剂	$CuSO_4$ 和含铜有机螯合物	用来控制水体藻类生长，可作为应急措施应用在严重富营养化河流处理中	操作方便简单，除藻速度快，但没有将水体中含 N、P 元素的营养物质去除，同时水生生物通过食物链对含铜物质进行富集，可能危害水生生物健康
化学稳定剂	石灰、硅酸钙、炉渣、钢渣等	将水体 pH 调节至 7～8，重金属与相关离子反应生成沉淀物，而不会以离子态或结合态进入水体中	消除水体黑臭速度快，但需大量化学药剂，成本高，且易引起二次污染
	氧化试剂（$CaNO_3$）	与底泥中的污染物质反应，通过抑制其污染物向水体中释放来保持与水体营养物质的平衡状态	有效抑制上覆水体中 TN、NH_4^+-N、TP 和磷酸盐浓度高峰值出现，但对 COD 浓度没有明显作用

4.4　补水活水

4.4.1　引水调水

引水调水是通过综合调水，在清洁水源的冲击下，对黑臭水体进行稀释，增强黑臭水体的流动性与复氧能力，提高黑臭水体的自净能力。

这种方法的优点是可稀释水体，迅速降低污染物浓度，增加水体溶解氧和生物量，增加水体流动性，对降低 COD、NH_4^+-N 和 TP 等浓度具有明显效果，从而防止和预防水体黑臭现象。但该方法治标不治本，只能暂时降低致黑污染物浓度，局限性主要表现为以下几点：

（1）需要附近有水源。

（2）污染物会在调水冲污过程中发生转移，易引发下游污染。

（3）长期使用需消耗大量能源。

如果结合海绵城市“蓄、净、用”功能，就地引雨水池蓄水释污，提高水的含氧量，以上局限性也可以规避。

4.4.2 清水补给

清水补给是利用再生水、雨洪水、清洁地表水等作为城市水体的补充水源，增加水体流动性和环境容量，主要针对缺少补充水源或滞流、缓流的水体实施。

清水补给对缓解水资源紧缺和减少污水二次污染具有重要意义，在景观水体的富营养防治中运用十分广泛。然而，再生水水质一般最好也就达到地表水Ⅳ类标准，与河流水质差别不大，几乎没有环境容量，面对沿途点源和面源污染，河流水质将面临再次恶化的风险。

采用清水补给技术时，需充分发挥海绵城市建设的作用，强化城市降雨径流的滞蓄和净化，清洁地表水的开发和利用需关注水量的动态平衡，避免影响或破坏周边水体功能，对再生水补水应采取适宜的深度净化措施，以满足补水水质的要求。

4.4.3 活水循环

古人云"流水不腐"，意思是说，经常流动的水不会发臭。活水循环是指缓流河道水体、坑塘区域、内湖的污染治理与水质保持。

其中活水是指有水源而常流不断的水，也指新鲜而没有被污染的天然水。活水循环就是要将城市的各大水系进行连通，让原本相对封闭的水系流动起来。活水循环的关键在于"循环"，即在于清水的补给来缩短水体水力停留时间，增加水体流动性，依靠"人工造流"的工序，可以在短时间内提高水的流速，在一定程度上提升水体的复氧能力，提高水体溶解氧浓度[7]。

该技术适用于水体置换周期长、流速缓慢、封闭或半封闭的水体治理与水质长效保持，通过设置提升泵站、水系合理连通、利用风力或太阳能等方式，实现水体流动，非雨季时可利用水体周边的雨水泵站或雨水管道作为回水系统。

在活水循环黑臭水体治理技术措施实施过程中，采用的方案应符合当地水利规划并与周边环境相协调，同时，应当依据现有的水质状况及需控制的目标，通过流场、水质数值模拟等方法合理设置方案。随着全局观念的引入，城市水系需要构建大循环，即"生态循环、梯级利用"模式，以达到"生态补给、水质净化、促进循环"的效果。

4.5 生 态 修 复

城市水体可看作一个开放的生态系统，在水体的治理过程中，往往需要结合

"生态修复"的措施。生态修复是一个系统工程，结合河流生态恢复采取如人工增氧、人工湿地、生态浮岛、人工护坡等一系列的举措，对改善水质，提高水体环境容量，实现长制久清有非常明显的功效。

4.5.1　人工增氧

20 世纪 50 年代，曝气复氧技术便已被美国、德国等发达国家作为一种见效快、无二次污染的河流治理技术而被采用。水体自净过程耗氧和供氧失去平衡是造成水体黑臭的主要原因，采用人工曝气是治理黑臭水体最直接的举措。通过向黑臭水体中曝气，一方面可以促进水生态系统的自我修复；另一方面，采用推流或垂直流的曝气方式，使水体由静变动，可促进水体循环，实现"流水不腐"的效果。

人工增氧技术主要分为机械增氧和化学增氧，机械增氧主要采用跌水、喷泉、管式曝气器以及其他各类曝气形式；化学增氧主要通过投加化学药剂，通过化学反应以增加水体中的含氧量，一般需要合理设计，多应用于应急处置。

人工增氧技术在黑臭水体治理中的作用主要表现为以下四个方面：

（1）增加水中含氧量，加强水体中微生物的活力。

（2）将水体中的致黑物质（H_2S 及 FeS 等）及时氧化。

（3）加快水体流动，使水体中氧的传递、扩散更加迅速，液体混合更加充分。

（4）减缓底泥释放 P 的速度。

该方法不仅能够消除黑臭、净化水源，又能美化城市景观，借用鼓风曝气或机械曝气来进行人工增氧工作，该方法具有见效迅速、投资成本较小、对周边环境影响小的突出优点。但该方法对于低水位的河道或有通航功能的河道不适用，水位低容易引发底泥上翻形成恶臭，加大黑臭河道治理的负担。

4.5.2　人工湿地

利用人工湿地进行污水净化的研究始于 20 世纪 70 年代末，其是指通过模拟天然湿地的结构与功能而人为设计与建造的生态系统。在人工湿地中，填料与植物组成的生态系统可吸附或降解氮磷等污染物，达到净化水质的目的，其选择使用的水生植物的耐污和净化功能是这一技术正常发挥污染治理效能的关键。

人工湿地的优点是具有多功能净化、沉淀、代谢、水生物吸收、生物膜形成等作用，可以形成良好的景观，且不产生运行能耗。缺点是该技术的处理效率在一年中差异较大，特别是在冬季寒冷季节，湿地对水质的净化效果明显降低。此外，在人工湿地长时间运行后，还需疏通进、出水管道，避免造成堵塞淤积后使水体中污染物负荷过大，影响生态系统处理效率。

4.5.3　人工生态浮岛

人工生态浮岛是一种在轻质漂浮材料上种植高等水生植物或喜水性陆生植物，可为野生生物提供生境的漂浮岛，主要由浮岛种植基质、植物和固定系统等组成。基质的主要功能是为植物提供生长着力点，植物是人工生态浮岛治理水体富营养化污染的主体生物[8]。其对水质最主要的功效是利用植物的根系吸收水中的富营养化物质，使得水体中的营养得到转移，减轻水体由于封闭或循环不足带来的腥臭、富营养化现象。

1. 净化机理

（1）植物根系和人工载体附着的生物膜对水质的净化作用。

（2）浮岛植物直接或间接地吸收利用水体中的溶解性氮、磷等营养物质，满足植物自身生长，或将其转化为无毒作用的中间代谢产物并储存在植物细胞中。

（3）浮岛植物根区的菌根真菌与植物形成共生关系，有其独特的酶途径，用以降解不能被细菌单独转化的污染物。

（4）浮岛植物光合作用过程中通过茎叶和根系向水体中释放大量氧气，能够提高水体溶解氧含量、促进污染物的净化。

（5）生态浮岛能为水生动植物及鸟类提供良好的栖息地，有利于增加水体生物多样性，促进水体的生境改善和生态修复。

2. 技术优点

（1）功能见效快、功效持久，对水体中的多种污染物具有明显的去除效率。

（2）人工生态浮岛以浮岛植物群落、动物群落和微生物群落为工具，以生态的方法解决生态问题，没有或只有较弱的二次污染。

（3）与富营养化水体治理的传统技术相比，无须建设复杂的污水收集管网，其建设工艺简单、运行成本较低，工艺费用可节省 50% 以上，管理方便，不占用土地。

3. 技术局限性

（1）不同植物的生物量、生长速率、根系发达程度及生长环境等存在差异，从而引起对氮、磷等污染物的吸收去除效果也有差别，不易控制。

（2）维护上较难推行简单机械化操作。

（3）人工生态浮岛的浮岛材料容易因为紫外线照射等外界因素而老化，间接污染水体。

4.5.4　生态护坡

生态护坡技术是综合工程力学、土壤学、生态学和植物学等学科知识对斜坡或边坡进行支护，形成由植物或工程和植物组成的综合护坡系统的护坡方法。生态护坡就是综合考虑"水安全、水环境、水资源、水景观"的协调，在满足抗洪、排涝和航运等工程需求的同时，充分考虑生态效应，把河堤由过去的混凝土建筑物改造成为适合生物生长的水体和土壤、水体和植物或生物相互涵养的仿自然状态的护坡[9]。

生态护坡技术可分为植物护坡和植物工程复合护坡两类。植物护坡主要通过植被根系的深根锚固和浅根加筋作用，以及降低孔压、削弱溅蚀和控制径流的水文来固土、防止水土流失，利用植物护坡的方式，在满足生态环境需要的同时，还可以进行景观造景。植物工程复合护坡技术是利用钢丝网与碎石复合或利用土木材料、水泥作为种植基，在此基础上进行生态种植。

1. 设计原则

（1）生态边坡必须能够营造一个适合陆生植物、水陆两生植物、水生动植物生长的生命环境。

（2）生态护坡应满足渠道功能和堤防的稳定要求，并降低工程造价。

（3）尽量减少刚性结构，增强护坡在视觉中的"软效果"，美化工程环境。

（4）进行水文分析，确定水位变幅范围，结合植物调查结果，选择合适的植物。

（5）尽量采用自然的材料，避免二次环境污染。

2. 主要特点

（1）改善和保护环境，防止水土流失，提高了边坡的稳定性和安全性。

（2）增强了河流的水体交换能力和自净能力，为生物栖息创造条件。

（3）生态护坡的生物系统与河床的水生生物系统相搭配、相结合，在整个河流的大生态系统中增加了生物的多样性及生态景观。

（4）相对于传统护坡方式可降低造价及成本，工期也大大缩短。

（5）提高了工程中的安全性及工程效益，延长了工程寿命。

在河道生态治理过程中，生态护坡不是解决河道污染的手段，其净化河道的能力有限，更不能寄希望于它来治理污水。河道治理首要解决的是防洪、截污和水质提升问题，再辅以生态护坡的应用，河道整治的效果会更加明显。

4.5.5　岸带修复

河湖岸带修复是黑臭水体整治的生态修复措施之一，主要指采取植草沟、生态护岸、透水砖等形式，对原有硬化河岸（湖岸）进行改造，通过修复岸线和水体的自然净化功能，强化水体的污染治理效果。通过对横向可改造空间有限城市河岸（湖岸）的现有硬质岸带再造，铺设生态渗漏材料，种植植物，提高河岸（湖岸）带表面对降水的渗透能力和对进入该区域的分散污水中污染物的削减能力。岸带修复后的生态护岸具有滞洪补枯、水源涵养、共生生态的培育、自净能力的提高和生态景观的多样化等多种功能[10]。

1. 生态护岸的分类

针对不同地区河道具体情况，选择应用不同的生态护岸类型，按材质分类，其可分为植被型护岸、石材型护岸、木材型护岸、土工材料护岸和混凝土护岸。

2. 生态护岸的比选

河湖生态护岸设计很大程度上是由现场的场地空间、地质条件、水流条件、环境要求、成本控制、施工条件等因素决定的，针对不同的条件采取适宜的措施才能保证护岸结构的安全、景观的适宜和生态系统的健康，详见表4-2。

表4-2　生态护岸比选

	植被型护岸	石材型护岸		混凝土护岸	
		干砌块石护岸	石笼护岸	生态混凝护岸	多孔混凝土预制块
含义	植被型护岸主要以种植植物保护岸坡，护岸设计多采用乔木、灌木、草本搭配种植模式，利用植物的根系、枝干、枝叶来稳固岸坡土壤，以保持岸带自然特性的护岸方法	干砌块石护岸是为防止河岸冲刷崩塌，于崩塌地坡脚处或河岸崩塌堆积坡脚处，用块石或砾石材料砌筑成一挡土构筑物，另一部分悬空于水体或与岸坡接触，块石间的缝隙又可以种植植物增加生态护岸景观的丰富程度	石笼护岸使用镀锌、喷塑铁丝网笼或用竹子编的竹笼装填碎石（有的装碎石、肥料和适于植物生长的土壤），垒成台阶状护岸或做成砌体的挡土墙，并结合植物、碎石以增强其稳定性和生态性，还可以在石笼内填充球形填料，以增加生物膜量	生态混凝土是由低碱度水泥、粗骨料、保水材料等按照特殊工艺制成的混凝土，具有一定抗压强度，并有大量连续孔隙，因此透水性和透气性良好，可以使植物舒适地生长，从而建立亲近自然型的生态坡护岸，同时，在护砌材料下面可以铺设营养性无纺布作为缓释肥，可以起到既为植物提供营养又反滤的作用	多孔混凝土预制块是由各种孔状的预制混凝土构件互相连接成矩阵型，适合植物、水生生物生存的护岸形式，砌块内的土壤、植物、微生物对污染物质有良好的去除效果，砌块的空心部分可以种植水生植物改善岸边景观环境

续表

	植被型护岸	石材型护岸		混凝土护岸	
		干砌块石护岸	石笼护岸	生态混凝护岸	多孔混凝土预制块
优点	投资少,技术简单,近自然程度高	结构丰富,生态性、耐久性强	抗冲刷能力强,整体性好,应用灵活,具有可变形性	机械化程度较高,生产效率高	抗冲刷能力良好,结构整体性好
缺点	抗冲刷能力差,植物易腐烂,维护量大	需要经常性地维修加固	需要定期冲刷阻塞物	合适植被有限,造价高	绿化效果差,适应不均匀沉降能力差
适用范围	短期降雨量不大,侵蚀较小的岸坡	冲刷流速小（＜3m/s）的地区	冲蚀力大、流速快的河流	流速快、流量变化大、防洪要求高的岸坡	水流冲刷严重、水位变化频繁的岸坡
造价	视植物种类而定	150～300 元/m³	2200～2500 元/m³	200～250 元/m³	70～100 元/m³

水体生态护岸在空间形态上的设计。首先,设计前对拟建地区的原状河流或湖泊进行详细的现状调查,掌握相关基础资料;其次,依照掌握的基础资料,遵循生态护岸的设计原理和原则,合理规划设计滨水区的岸线平面形态、护岸的断面形态及护岸带植物配置;最后,在前期调查和护岸形态设计的基础上,根据不同地段的水流条件、土质情况、建设空间、环境因素等限制条件,综合考虑结构安全、景观适宜、经济廉价、生态健康、自然亲水之间的制约关系,寻求最优的生态型护岸构建措施,各类生态护岸优缺点、适用性和经济性等方面的对比,可以用于护岸初步设计的类型比选。

4.5.6　微生物强化技术

黑臭水体的微生物强化技术是通过微生物的降解作用来实现的。在实际应用中,主要通过投加微生物菌剂、生物酶制剂或者直接向黑臭河道投加微生物促生剂,促进土著微生物的生长等方法来加快微生物降解水体污染物的速度。国内外治理河涌所投加的微生物制剂情况见表 4-3。

表 4-3　国内外河涌治理微生物制剂投加情况

药剂类型	投加剂	作用	优缺点
基质竞争抑制剂	硝酸盐、乙酸	通过加入硝酸盐等电子受体或代谢基质,改变底泥微生物的代谢方式,提高氧化还原电位,促进好氧微生物的生长,从而使污染物降解为水和二氧化碳等无害物质	投加硝酸盐等基质竞争抑制剂能刺激反硝化细菌的生长,促进反硝化作用,另外,减少硫酸盐还原菌（SRB）的生长,使 SRB 的活性降低,SO_4^{2-} 还原成 H_2S 的过程被抑制

药剂类型	投加剂	作用	优缺点
微生物菌剂	硝化菌剂、液可清、固定化枯草芽孢杆菌、光合细菌 P9 等	依靠多种高效菌种的生长繁殖总的新陈代谢作用分解有机污染物	水体有机污染物与浊度都有较高的去除率
微生物促生剂	生物促进剂	利用微生物促生技术、微生物解毒技术和小分子有机酸提炼技术，将矿质、有机酸、酶、维生素和营养物质混合制成的生物制剂。通过向受污染水体中投加生物促进剂，可激活水体和底泥中原有的土著微生物，刺激其生长繁殖，使水体微生物恢复正常的降解污染物能力	微生物促生剂能通过激活微生物生长，从而对水体有较好的净化作用，同时增加了水体的溶解氧浓度和透明度
固定化生物催化剂	固定化生物催化剂	加速河涌底泥和上覆水体污染物的降解，丰富河涌底泥的微生物量，增强河涌自净能力	大大提升了底泥有机质和硫化物去除率

1. 技术机理

（1）去除有机物。微生物通过胞外酶将复杂有机物降解为简单有机物，好氧微生物在胞内酶作用下将有机物完全氧化转变成 CO_2 和 H_2O；在厌氧微生物中转变为 CO_2、H_2O、H_2、CH_4、H_2S 和有机酸、醇、酮等不完全氧化的产物。微生物降解和吸收水体有机污染物，通过同化作用转化部分有机污染物为自身物质，降低污染负荷，实现水体净化。

（2）去除水体氮、磷元素。黑臭水体中氮、磷含量往往很高，生态平衡遭到破坏。微生物可将水体中有机形态的氮快速转变为氨，氧气充足条件下，微生物可将氨氮氧化为亚硝酸盐氮和硝酸盐氮；氧气不足的情况下，硝酸盐氮或亚硝酸盐氮通过微生物反硝化作用还原为氮气，实现水体中氮的生物地球化学循环。微生物通过代谢作用降低水体磷浓度，并将水体中的磷元素吸收利用并转化为自身的有机磷，沿食物链传递，降低水体磷元素。

（3）降低重金属毒性。某些黑臭河道底泥中含有一定量重金属，具有较大的生态风险。微生物主要通过以下方式在重金属污染修复中发挥作用：①微生物吸收环境中的重金属用于生命活动或积累于体内；②微生物可通过氧化还原作用改变重金属离子价态，将重金属转变成不易溶解的沉淀状态，使其毒性降低；③微生物及其代谢产物可与重金属发生络合、沉淀，或者促进络合反应和重金属沉淀，改变其毒性。

（4）抑制藻类。水体微生物通过代谢降低水体氮、磷营养盐浓度，以营养竞争的方式抑制藻类生长，水体环境改善促进浮游动物种群壮大，藻类因被捕食而数量下降。

2. 技术特点

（1）施工简便，见效较快，维护成本低。微生物强化技术增强微生物活性。微生物通过光合作用增加水体的溶氧含量，增强水体好氧反应，提高 BOD、COD 及 TOC 等去除效率。微生物可去除氮、磷等营养物质，有效缓解水体黑臭。微生物强化技术治理黑臭水体过程中，仅需微生物菌剂、微生物促生剂及制剂添加设备投入。前期投入和日常能耗均很小。

（2）原位治理，效力持久，环境影响小。在河道、湖泊等治理区域，微生物在附着物上增殖，可长期对有机物进行降解。微生物强化技术利用微生物直接在治理区域消减污染物，消除内源污染。微生物在酶的催化作用下，对黑臭水体中的污染物进行分解和转化；微生物繁殖增强有机污染物的氧化分解。此过程对环境影响小，代谢产物对水体环境无二次污染。

（3）应用范围广，技术兼容性好。微生物强化技术对水体和底质有良好的改善效果，在河道、湖泊、滩涂等区域均可应用。微生物强化技术与曝气增氧、缓流水体等技术均能结合、协同使用，提升治理效果。

3. 局限性

黑臭水体治理是一个复杂、系统的工程，在实际工程中微生物强化技术具有局限性。修复效果易受环境条件（水体 pH、温度、流速等）和污染物（种类、浓度、存在形式等）影响；此外，微生物强化技术治理黑臭水体需对治理区域进行周密的调查研究，前期工作时间较长，花费高。总体说来，微生物强化技术治理黑臭水体满足当下黑臭水体治理工程所需，得到了广泛采用[11]。

4.5.7　生物膜技术

生物膜技术是一种"附着生长型"污水处理方法。生物膜上附着生长着大量微生物，与污水接触过程中，微生物通过截留、吸附、降解等多种手段消除水体污染物，提升黑臭水体水质。生物膜法的本质是采用人为干预手段强化天然河流中生物净化过程。

在生物膜技术中，曝气生物滤池和生物接触氧化法是主要实施办法。

1. 曝气生物滤池

曝气生物滤池是将水解反应器和曝气生物滤池集为一体的新型技术，使处理效率提高，而且能量的消耗也随之降低，处理结束后污泥液不会残留太多。

曝气生物滤池不会造成原有水体的二次污染，污水处理质量较高，氧的利用率高，且不会随着外界气候环境的变化而变化。

2. 生物接触氧化法

生物接触氧化技术由四部分组成。首先是氧化池，氧化池是生物接触氧化技术处理污水的关键，利用微生物将水体中的有机大分子进行氧化并降解；其次是填料，污水在载体的作用下可以与生物膜进行充分接触；然后是系统的框架，也就是布水装置；最后是曝气系统，微生物在降解有机大分子时需要充足的氧气，曝气装置增加了含氧量，使反应加速。生物接触氧化池构造示意图如图 4-1 所示。

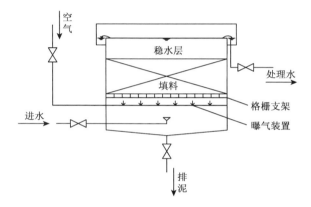

图 4-1　生物接触氧化池构造示意图

1）优点

（1）在污水处理过程中能负荷不同的污水浓度且处理效率高。

（2）处理后所剩污泥较少且处理成本低。

（3）设备易操作，场地要求不高。

（4）对一些难降解的有机物有较好的处理效果。

2）局限性

在污水处理过程中，当水体中的有机物含量较高时，会存在生物膜脱落现象，容易将孔隙堵塞。

4.5.8　新型黑臭水体生态治理技术

1. 生态透析技术

1）技术原理

生态透析的核心技术是利用藻类能快速吸收 N、P 等营养物质的原理，在水体中建立一整套生态系统，提高水体自净化能力，保证水环境的稳定性。

整套生态系统包括：①微生物系统；②微藻系统；③浮游生物系统；④底栖生物系统；⑤水生植物系统；⑥鱼类系统。

首先在水体中创造出利于藻类快速增殖的环境，利用藻类去除水体中 N、P 等富营养物质，进一步通过浮游微生物对藻类进行去除，达到活化水体、贫化底泥的目的。同时利用生物多样性的技术原理，在水体中种植水生植物、引入鱼类系统，促使水体净化进入良性循环。

2）技术特点

（1）增加了包括物种多样性和功能多样性等在内的水生态系统多样性。

（2）增强了水体的抗冲击性，提高了水体的稳定性。

（3）活化水体的同时，实现底泥贫化，减少清淤成本及治理过程中的环境影响。

（4）无须换水、节约水资源。

（5）原位净化，不产生二次污染。

2. ISSA PGPR 原位生态修复技术

1）技术原理

ISSA PGPR（*in situ* selective activation of plant growth promoting rhinoacteria）原位生态修复技术是对水环境中的原位 PGPR 微生物进行选择性激活，通过微生物的增殖，去除水体中 N、P 等富营养物质，实现污染物原位转移。辅助部分微生物的反硝化作用和水生动植物的促生作用，水体生态系统得以实现原位修复，水体恢复自净能力。

其中 PGPR 微生物的激活依靠生态修复剂含有的 7 种具有选择性的酶，整套处理设备的开发融入了固定化酶技术和流化床技术。

2）技术特点

（1）适用性强。不同黑臭水体的水环境不同，实际工程中一方面难以筛选出具有普适性的微生物，另一方面环境因素影响微生物的繁殖代谢，进而影响污染物的去除效果。ISSA PGPR 是利用酶技术选择性地激活水体中的土著微生物，实现了技术的普适性。

（2）可控性强。ISSA PGPR 技术是一种可控的生态修复技术，控制点在于微生物繁殖所需的营养元素。通过控制营养元素的投加量，控制微生物的繁殖，进而控制生态修复的进程。

（3）全面性强。ISSA PGPR 技术不仅能在表观上降低水中 C、N、P 含量，而且能够提高水环境的自我修复能力，不但可以去除水体内的污染物，还可以去除底泥中的有机物，在生物净水的同时，实现生物清淤。

（4）抗冲击性强。ISSA PGPR 技术的主体是微生物对污染物的去除，微生物增殖周期短，可以短时间内实现对污染物消减，对初雨污染具有良好的抗冲击性，雨后 2～3d 即可恢复水质。

（5）不产生二次污染。

3. 食藻虫技术

1）技术原理

食藻虫技术是以食藻虫吃藻控藻、滤食有机悬浮物颗粒等作为启动因子，继而引起各项生态系统恢复的连锁反应，包括从底泥有益微生物恢复、底泥昆虫蠕虫恢复、底栖螺贝类恢复到沉水植物恢复、土著鱼虾类等水生生态系统恢复，最终实现水体的内源污染生态自净功能和系统经济服务功能。

2）技术特点

（1）不产生二次污染。

水质净化过程中，不引入、不产生新的污染。

（2）固底封泥，无须清淤。

根系发达的水生植物对底泥产生矿化反应，起到固化作用，底泥无须另行处理，且可以减小降雨冲刷对水体水质的影响。

（3）生态调整周期短。

生态调整时间为 30～60d，生态调整周期完成，水质即可基本达到设计标准。

（4）运行维护简便。

食藻虫技术依靠生态系统食物链关系净化水质，生态系统建立后，仅需适当维护，水体就能够维持自净生态，效果可长期保持[12]。

参 考 文 献

[1]　赵越，姚瑞华，徐敏，等. 我国城市黑臭水体治理实践及思路探讨[J]. 环境保护，2015，43（13）：27-29.

[2]　住房和城乡建设部、环境保护部. 住房和城乡建设部 环境保护部关于印发城市黑臭水体整治工作指南的通知[EB/OL]. https://www.mohurd.gov.cn/gongkai/fdzdgknr/tzgg/201509/20150911_224828.html[2020-10-18].

[3]　Nakano T，Tayasu I，Wada E，et al. Sulfur and strontium isotope geochemistry of tributary rivers of Lake Biwa: Implications for human impact on the decadal change of lake water quality[J]. Science of the Total Environment，2005，345（1）：1-12.

[4]　胡蓉. 城市黑臭水体整治技术及实例应用探讨[J]. 建设科技，2017，337（11）：60-62.

[5]　Manap N，Voulvoulis N. Environmental management for dredging sediments: The requirement of developing nations[J]. Journal of Environmental Management，2015，147：338-348.

[6]　李慧颖，晏波，王文祥，等. 黑臭水体治理技术研究进展[J]. 环境保护与循环经济，2018，38（10）：30-35.

[7]　沈阳，甘雁飞，张建国. 我国城市黑臭水体一体化治理技术研究[C]. 南京：2018（第六届）中国水生态大会，2018.

[8]　梁和国，刘晟. 人工生态浮岛技术在治理富营养化河湖中的应用[C]. 杭州：2014 年全国河湖污染治理与生态修复论坛，2014：138-144.

[9]　彭俊杰，赵烁，彭海明. 生态护坡技术在河流环境综合治理中的应用实践[J]. 水资源研究，2017，6（1）：42-48.

[10]　肖杰. 河湖岸带修复技术研究综述[J]. 建筑工程技术与设计，2017，（10）：789-790.

[11]　谭晓林，袁星. 微生物强化技术在黑臭水体治理中的应用[J]. 中国水运（下半月），2018，18（5）：110-112.

[12]　王茜茜. 新型黑臭水体治理技术研究[J]. 低碳世界，2019，9（3）：1-2.

第5章 沈阳市黑臭水体综合整治案例

5.1 沈阳市城市概况

5.1.1 地理位置

沈阳市是辽宁省省会,沈阳经济区的核心城市,中国东北的经济、文化、科技、交通、金融商贸中心,东北第一大城市,全国的工业重镇和历史文化名城。沈阳位于中国东北南部、辽宁中部,在东经 122°25′9″～123°48′24″、北纬 41°11′51″～43°2′13″之间。背倚长白山麓,面向渤海之滨,是辽东半岛的腹地,东与铁岭市、抚顺市为邻,南与鞍山市、本溪市、辽阳市交界,西与阜新市、锦州市相邻,北与内蒙古自治区接壤。东西宽 115km,南北长 205km。在以沈阳为中心的 150km 半径内,有中国著名的钢都鞍山、煤都抚顺、煤铁之城本溪、煤电之城阜新、石油之城盘锦、轻纺之城丹东、化纤之城辽阳和粮食煤炭基地铁岭,处在世界上罕见的工业城市群的中心。沟通世界各大港口的大连港、营口新港和锦州港,距沈阳都不超过 400km。沈阳市地处东北亚经济圈和环渤海经济圈的中心,是长三角、珠三角、京津冀通往关东地区的综合枢纽城市。

5.1.2 城市水系

沈阳地区的河流主要有辽河、浑河两大水系。流经城区的有浑河、新开河、南运河等;流经市郊及县(市)的有辽河、蒲河、养息牧河、绕阳河、秀水河、北沙河等。浑河支流除蒲河外,还有一些较小的季节性河流,如细河、九龙河、白塔堡河等。辽河支流除绕阳河、柳河、养息牧河、秀水河之外,也有一些较小的季节性河流,如万泉河、长河、左小河、羊肠河等。灌溉渠道主要有浑北总干、浑蒲总干、沈抚总干、浑南总干、八一总干。

沈阳市境内大中小型注册水库 36 座。其中:大型水库 1 座,中型水库 12 座,小(Ⅰ)型水库 11 座,小(Ⅱ)型水库 12 座。总库容 5.69 亿 m^3,兴利库容 2.14 亿 m^3,总控制流域面积 19894km²。

沈阳市中心城区主要有 10 处湖体,分别为东湖、黎明公园内湖、北陵公园内湖、丁香湖、万泉公园内湖、万柳塘公园内湖、青年公园内湖、南湖公园内湖、劳动公园内湖、仙女湖。另有较大湖泊 4 处，均位于郊区县，分别为位于辽中区冷子堡镇的珍珠湖、位于新民市前当堡镇的沈阳西湖、位于沈北新区的溪泉湖、位于新民市胡台镇车古营子村的栖鹤湖。

　　中心城区范围内现状水面率为 2.58%，三环高速公路内现状水面率为 2.73%。

5.1.3　气候气象

　　沈阳市属温带季风大陆性气候，受季风影响的温湿和半温湿大陆性气候。其主要特点是季风气候特征明显，四季分明，降水集中，日照充足。春季多西南大风，蒸发量大，易春旱；夏季高温多雨，盛吹南风和东南风，雨热同季的气候特点对农作物的生长发育极为有利；秋季风小，多晴朗天气；冬季寒冷干燥，雨雪稀少，盛吹北风和西北风。多年平均降水在 650～800mm。丰、枯水年降水量相差 3 倍以上，降水主要集中在 6～9 月，约占全年降水量的 70%～80%。多年平均水面蒸发在 1100～1600mm。多年平均相对湿度为 60%～70%，全年以夏季 7、8 月最高，为 80.5% 左右，春季最低，为 55% 左右。全年日照时数在 2280～2670h 左右，全年 5 月日照时数最长，1 月日照时数最短。多年平均气温在 6.7～8.4℃，全年气温 1 月最低，7 月最高。多年平均风速在 2.0m/s，最大风速多发生在 4、5 月间，可达 15m/s。

5.1.4　地形地貌

　　沈阳市位于辽河平原中部，主要以平原为主，地势平坦，平均海拔 50m 左右。山地丘陵集中在东北、东南部，属辽东丘陵的延伸部分。西部是辽河、浑河冲积平原，地势由东向西缓缓倾斜。东部为辽东丘陵山地，北部为辽北丘陵，地势向西、南逐渐开阔平展，由山前冲洪积过渡为大片冲积平原。地形由北东向南西，两侧向中部倾斜。最高处是沈北新区马刚乡老石沟的石人山，海拔 441m；最低处为辽中区于家房的前左家村，海拔 5m。市内最高处在大东区，海拔 65m；最低处在铁西区，海拔 36m。皇姑区、和平区和沈河区的地势，略有起伏，高度在 41～45m；浑南区多为丘陵山地；沈北新区北部有些丘陵山地，往南逐渐平坦；苏家屯区除南部有些丘陵山地外，大部分地区同于洪区一样，都是冲积平原。新民市、辽中区的大部分地区为辽河、浑河冲积平原，有少许沼泽地和沙丘，新民市北部散存一些丘陵。全市低山丘陵的面积为 1020km^2，占全市总面积的 12%。山前冲洪积倾斜平原分布于东部山区的西坡，向西南渐拓。

　　沈阳市所处的大地结构位置是阴山东西向复杂构造带的东延部位与新华夏系

第二巨型隆起带和第二巨型沉降带的交接地区。东部属于辽东台背斜,西部属于下辽河内部断陷。两个单元基底均由太古界地质群老花岗岩片麻岩、斜长角闪片麻岩组成。下第三系地层分布在城区北部,上第三系地层不整合于前震旦系花岗片麻岩上。第四系地层厚度东薄西厚,北薄南厚。

5.1.5　地质水文

在区域地质构造上,沈阳市区位于华北地块内,根据地质构造活动的特点,沈阳市区位于沈北凹陷地块内,大地构造上处于辽东块隆与下辽河—辽东湾块陷相交接的部位。

在区域新构造运动上,沈阳市区位于千山—龙岗上升区,第四纪时期主要表现为掀抬式上升,为重力场的高重力带异常区。

在地震活动带划分上,沈阳市区位于华北地震区,郯庐断裂带北段。自1493年至1991年共发生4级以上地震19次。郯庐断裂带在本区主要表现为较大断裂:

(1)浑河断裂。

(2)伊兰—伊通断裂。

(3)营口—开原断裂。

(4)辽中—二界沟断裂。

(5)台安—大洼断裂。

沈阳市处于郯庐断裂带北段的营口—沈阳亚段与沈阳—开原亚段的相交接部位,营口—沈阳亚段差异运动不明显,地震活动水平低;沈阳—开原亚段有较弱的差异升降运动,现今微震活动频繁。

5.1.6　人口及社会经济条件

根据辽宁省及沈阳市规划,沈阳将建成国家中心城市、国家先进制造业基地,以期进一步提升沈阳在国家城市中的地位。到2030年,常住人口达到1200万,城镇化水平达到90%,同时全面实现建设国家中心城市和国际竞争力优势明显的东北亚重要城市的目标。

沈阳是东北地区最大的中心城市,是正在建设中的沈阳经济区(沈阳都市圈)的核心城市。地处东北亚经济圈和环渤海经济圈的中心,工业门类齐全,具有重要的战略地位。沈阳是新中国成立初期国家重点建设起来的以装备制造业为主的全国重工业基地之一。

2020年,沈阳市实现地区生产总值6571.6亿元,占辽宁省生产总值的26.17%,

比上年增加 101.3 亿元，增长 1.57%；人均生产总值为 7.28 万元，比上年减少 0.5 万元，下降 6.43%，其主要原因是人口增速高于生产总值增速；2020 年沈阳市人均生产总值省内排名第 3，高于全国平均水平（7.24 万元），近 5 年生产总值稳步上升，人均生产总值在 2019 年达到最高值（7.78 万元）。

由各省市统计局年鉴及各市统计公报数据可知：2020 年，沈阳市第一产业占比为 4.62%，第二产业占比为 32.87%，第三产业占比为 62.51%，是以第三产业为主的产业经济结构，和发达国家第三产业占比（70% 以上）存在一定差距，沈阳市近 5 年第三产业占比平稳增长，逐步实现产业结构优化，经济效益提高。

2020 年，全年城镇居民人均可支配收入 47413 元，比上年增长 1.3%；人均消费支出 31562 元，下降 7.5%。农村居民人均可支配收入 19598 元，增长 8.1%；人均消费支出 12413 元，增长 2.6%。

由各省市统计局年鉴及各市统计公报数据可知：2020 年，沈阳市常住人口为 902.78 万人，从性别构成来看，男性人口占比为 49.84%，女性人口占比为 50.16%，女性人口多于男性人口，与我国整体情况截然相反；从年龄构成来看，0～14 岁人口占比 11.4%，15～59 岁人口占比 65.36%，60 岁以上人口占比 23.24%，其中 65 岁以上人口占比 15.47%，60 岁以上人口占比和 65 岁以上人口占比均高于全国平均水平（18.7% 和 13.5%）。

沈阳位于东北地区南部，辽宁省中部，地处东北亚经济圈和环渤海经济圈的中心。沈阳是国家历史文化名城，有 2300 年建城史，素有"一朝发祥地，两代帝王都"之称。沈阳是中国重要的以装备制造业为主的重工业基地，有"东方鲁尔"的美誉。沈阳具有优越的地理位置、雄厚的工业基础及科技实力、完善的市场体系和发达的交通网络，必将成为中国最具吸引力的投资地区之一。

沈阳市共辖 13 个县级行政区，即和平区、沈河区、大东区、皇姑区、铁西区、于洪区、苏家屯区、浑南区、沈北新区、辽中区 10 个市辖区，新民市 1 个县级市，康平县、法库县 2 个县。

5.2　白塔堡河黑臭水体综合整治

5.2.1　流域概况

1. 水系概况

白塔堡河位于浑河中游左侧，是浑河水系的Ⅰ级支流，是沈阳市主要河流之一，见图 5-1。该河发源于浑南区李相街道老塘峪村，地理坐标：东经 123°39′6.7″，北纬 41°38′10.8″，由东向西流经李相街道、东湖街道、五三街道、白塔街道，在浑河西街道曹仲屯西北汇入浑河。流域面积 178km²，河流总长 48.5km，河道比降 1‰～3‰，河床上游窄深，中下游河槽弯曲，下游河面宽 10～30m，平均径流量 2790 万 m³。1953 年在白塔堡河两岸修建了防洪堤，堤长 30km（两岸各 15km），防洪标准 5 年一遇。另建有防洪标准 100 年一遇的 4km 回水堤。流域内地形由浑河冲积平原和长白山余脉的低山丘陵构成，地势由西北向东南逐渐升高。白塔堡河的上、中游地区属浑南区，下游归属和平区。白塔堡河属季节性河流，平时无水或水量很少。

图 5-1　白塔堡河水系图

2. 地理位置

浑南区始建于 1964 年，位于中国东北最大的中心城市沈阳的东南部，介于东经 123°18′41″至 123°48′19″、北纬 41°36′10″至 41°57′54″之间，地跨浑河、太子河两个流域，沿东、北、南三面呈半球状环绕沈阳市区，东部和抚顺市山水相连；西部的南北端与于洪区吻合；南与苏家屯接壤；北与沈北新区毗邻，位于铁岭、抚顺、鞍山、本溪、辽阳等辽宁中部城市的中心。

浑河是辽河流域较大的河流之一，发源于抚顺市清原满族自治县长白山支脉的滚马岭，流经抚顺、沈阳、辽阳、鞍山等十一个市、县（区），至三岔河与太子河相汇成大辽河经营口入渤海。浑河全长 415km，流域面积 11481km²。白塔堡河是浑河在浑南境内的最大支流。

3. 气候气象

白塔堡河流域处于温带半湿润和半干旱的季风气候区，四季分明、雨热同期。

由于东部长白山脉的阻隔，大陆性气候较明显，其特征为：冬季严寒、干燥，夏季湿热、多雨。根据沈阳气象监测站 1961～1990 年资料统计，多年平均水面蒸发量 1444.9mm，年内 5 月蒸发量最大，1 月蒸发量最小。多年平均气温 8.1℃，极端最高气温 35.7℃，出现在 1964 年 8 月，极端最低气温-30.5℃，出现在 1966 年 1 月。全年日照时数在 2280～2670h，其中 5 月日照时数最长，1 月日照时数最短。多年平均风速 3.0m/s，年内最大风速多发生在 4、5 月，历年最大风速为 25.2m/s，相应风向为西南，发生在 1961 年 4 月。历年最大冻土深度为 1.48m，最大积雪深度为 28cm，无霜期约为 151 天。

白塔堡河流域多年平均降水量为 680.4mm，降水量年际变化较大，丰水年降水量最多可达枯水年降水量的 3 倍以上，年内降水分布不均，主要集中在 6～9 月，占全年降水量的 70%左右。本流域产生暴雨的天气系统根据其发生的频次顺序依次为华北气旋、低压冷锋、台风和高空槽等。上述天气系统一般可造成 1～3 天的降水过程，具有雨量大、强度高、面积广等特点。暴雨多发生在 7、8 月，占全年的 78%～90%，尤其集中在 7 月下旬和 8 月上旬。据沈阳气象站统计，本区历年最大 24h 降水量为 194.7mm，发生在 1973 年 8 月 20 日，最小 24h 降水量为 41.4mm，发生在 1976 年 6 月 6 日。白塔堡河流域面积较小，一场降雨即可笼罩全流域，因此洪水多为单峰形，主要由暴雨造成，多发生在 7、8 月。

4. 地形地貌

浑南区地处辽东丘陵和下辽河平原过渡带，境内地形大体由浑河冲积平原和长白山余脉的低山丘陵构成，其地势由西向东逐渐升高。浑南区地形较平坦，起伏不大。白塔堡河流域上游段为低山丘陵区，以下为平原区，总体地势东高西低，河流走向自东向西。全区境内海拔多在 200m 以下，最高海拔 323m，最低 35m。其坡降东部为 2‰，西部为 1.3‰，南部为 0.8‰，北部为 0.4‰。其地形绝对高程：东部石庙—养竹间为 51.4～55.4m；西部马总屯—沙岗子—金屯家湾—王士屯—小东堡间为 38.1～42.1m；北部马总屯—西夹河—上夹河—浑河堡—铁匠屯—黄泥坎—张官屯—杨官屯—王家湾子—刘付屯间为 38.1～55.0m；南部上河湾—王士屯—五里台子—麦场—朝鲜村—罗家屯—牛相屯—养竹间为 39.1～55.8m。

浑河自东部山区流向西部平原的出口处，将大量的碎屑沉积下来，在宏观上形成东窄西宽、东高西低如同扇形的冲洪积扇，白塔堡河支流地形由浑河冲积平原和长白山余脉的低山丘陵构成，其地势由西北向东南逐渐升高。地貌成因类型为外力作用的水成地貌，白塔堡河流域所在区域大部分属于中朝准地台，只有极少部分在吉黑褶皱系内，以开原—赤峰断裂为界，南部为华北台块的辽东台背斜，北部毗邻吉林准褶皱带。区域涉及两个一级地质构造单元、五个二级构造单元、六个三级构造单元。

5. 地质水文

白塔堡河流域地处浑河冲积平原，地形较平坦，地貌单一，地层较稳定，无不良地质现象。河谷狭窄，由古分化的沙砾和黏性土组成，分别堆积于河床及坡地之上。基本地层自上到下依次为：腐殖土、杂填土、低液限黏土、级配不良砾等。分述如下：

（1）腐殖土：黄褐色，主要由黏性土组成，含植物根系，局部为杂填土，稍湿，结构松散，土质密实度不均匀，未完成自重固结。各钻孔均遇见该层，层厚0.20～0.90m。

（2）杂填土：主要由砖头、碎石、黏性土等组成，松散。该层沿河堤两侧不连续分布在村镇附近。

（3）低液限黏土：黄褐色，稍湿，可塑状态，含有红褐色氧化铁斑及黑色铁锰质结核，略有光泽，韧性中等，干强度中等，无摇振反应，各钻孔均遇见该层，局部呈黏土状。层厚1.6～4.3m。

（4）级配不良砾：黄褐色，粒径大于2cm约占25%，含极少量黏粒。

根据地勘资料成果，各土层的各项物理性质指标见表5-1。

表 5-1　白塔堡主河基础各土层物理性质指标表

取样深度（m）	天然状态的基本物理性质指标						土粒比重 G_s	液限	塑限	塑性指数	液性指数	分类名称
	试样状态	含水率 ω(%)	密度（g/cm³）		孔隙比 e	饱和度 S_r(%)		圆锥下沉深度				
			湿 ρ	干 ρ_d				ω_L(%)	ω_P(%)	I_P（mm）	I_L（mm）	
4.2～5.0	原状	22.4	1.95	1.59	0.707	86	2.72	40.6	21.6	19.0	0.04	低液限黏土
1.4～1.6	原状	23.3	1.74	1.41	0.920	69	2.71	33.6	19.0	14.6	0.29	低液限黏土
1.2～1.4	原状	20.0	1.76	1.47	0.848	64	2.71	28.8	16.9	11.9	0.26	低液限黏土
1.0～1.2	原状	24.5	1.93	1.55	0.748	89	2.71	29.0	16.8	12.2	0.63	低液限黏土
1.6～1.8	原状	19.0	1.79	1.50	0.802	64	2.71	32.3	19.7	12.6	−0.06	低液限黏土
1.3～1.5	原状	20.6	1.79	1.48	0.826	68	2.71	33.1	21.0	12.1	−0.03	低液限黏土

浑南区内地下水类型主要为第四系冲积层中的孔隙潜水。地下水主要由降雨、融雪水下渗和上游潜水补给。排泄方式以向下游主河流排泄为主，其次为蒸发和人工开采。由于大量的工业废水、生活垃圾粪便和养殖业污水排入河流，河水严重污染。由于主体工程距白塔堡河较近，地下水位和白塔堡河水位有密切的水力关系，枯水季节，地下水补给河水，丰水季节，河水补给地下水，7月末至8月

初，白塔堡河洪峰出现时，地下水位达到最高，9 月下旬至翌年的 4 月末，地下水位达到最低，年变幅一般为 1.0～3.0m。

5.2.2　整治前水质情况

1. 历史数据分析

1）空间分布特征

白塔堡河水质检测指标为物理、化学、生物、有机物指标，其中，物理指标包括温度、pH、电导率（electric conductivity，EC）、DO 等，化学指标包括 COD、BOD_5、NH_4^+-N、TN，生物指标为叶绿素，有机物指标为通过测量水体中溶解性有机物（dissolved organic matter，DOM）的三维荧光，包括芳香类蛋白、富里酸、微生物代谢产物。

项目组经过现场采样与检测，分析白塔堡河水质情况，白塔堡河干流水系 pH 变化不大，呈中性偏碱；河水的温度呈现农村区域河段比城镇、城市区域的高，最高温出现在李相桥和永安桥，最低温出现在塔北。在河流城镇带的 DO 明显比城市带的高，基本上表现出沿河源头到入浑河口 DO 不断降低的趋势。EC 最大值出现在城镇带的营城子，最低在河源头；EC 主要受土壤基质和雨水冲刷的影响，河流源头水土流失少，表现为 EC 小；而在城镇带小的支流河汇入，携带泥沙从而导致 EC 升高。以上分析表明：河流的物理指标基本上是按照农村带、城镇带、城市带分布，见图 5-2。

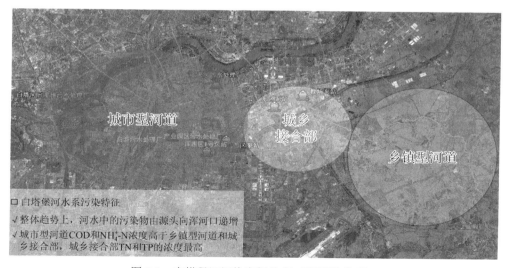

图 5-2　白塔堡河污染空间分布（彩图附书后）

　　河流城市带的 COD 明显比城镇、农村高，而农村带的 COD 比城镇带略低，表明城市带污染相对严重。除曹仲屯，河流的 BOD_5 表现从河流源头到入浑河口小幅震荡上升。河流的 NH_4^+-N 呈现从农村带到城市带逐渐升高，表明污染程度逐渐加强。TN 的变化趋势为城镇带高，其次为农村带和城市带。尽管城市带污染严重，但是该河段水体反硝化强烈，致使 TN 减小。以上分析表明，河水中的污染物大体上从源头向入浑河口递增。图 5-3～图 5-5 分别为白塔堡河上游乡镇型河道现场图、白塔堡河中部城乡接合部河道现场图、白塔堡河下游城市型河道现场图。

图 5-3　白塔堡河上游乡镇型河道现场图

图 5-4　白塔堡河中部城乡接合部河道现场图

图 5-5　白塔堡河下游城市型河道现场图

城市带河段的叶绿素浓度最高，而城镇带最低，并且变化幅度非常大。芳香类蛋白变化趋势基本上沿河从农村带到城市带递增，芳香类蛋白主要存在于生活污水里，进而表明生活污水的排放强度由农村带到城市带增强。除营城子点位外，类富里酸基本上从农村带到城市带呈现递增的趋势。微生物代谢产物与芳香类蛋白的变化趋势一致，表明随着污染物排放强度增大，微生物的降解能力增强。

2）时间变化特征

通过翻阅以往的调查数据与水质检测报告，取 4 月、8 月、11 月三个月水质，分别代表平水期和丰水期，因此不能采用时间聚类分析的方法。可以把三个月的 NH_4^+-N 和 COD 值进行比较，NH_4^+-N 在 4 月浓度明显比 8 月、11 月的值高，其变化趋势基本上一致，即从农村带向城市带递增。在城镇带，4 月 NH_4^+-N 明显比 8 月、11 月的浓度高。在丰水期城镇带河段不仅接纳农村带河段来水，同时支流河汇入，使得城镇段水量增大，稀释 NH_4^+-N。21 世纪湖 4 月水量很少，而 8 月、11 月水量大增，稀释 NH_4^+-N 导致 8 月、11 月 NH_4^+-N 浓度远低于 4 月浓度，见图 5-6。

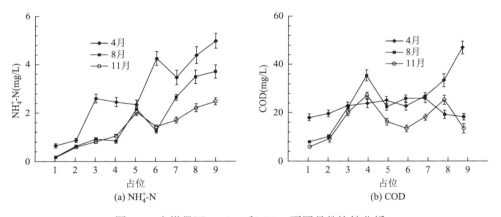

图 5-6　白塔堡河 NH_4^+-N 和 COD 不同月份比较分析

1-老塘峪；2-李相桥；3-永安桥；4-营城子；5-沈阳理工大学；6-21 世纪湖；7-塔北；8-胜利大街；9-曹仲屯

除营城子外，4 月河流 COD 浓度基本上大于 8 月、11 月的浓度。营城子处于城镇带的末端，可能是工业废水的排放具有季节性，即夏秋季节产量大，排放污染量大。在白塔堡河入浑河附近的曹仲屯，4 月的 COD 远远高于 8 月、11 月，显然河流的流量对 COD 浓度影响较大。综上分析，农村带河段水质受季节影响最大，具有明显的季节性变化；而城镇带水质季节性变化不明显。城市带介于两者之间，其污染来自生活污水和工业废水，由于城市带河段以接纳污染水厂排水和雨水为主，所以具有一定的季节性，见图 5-6。

3）白塔堡河 N、P 分布特征

根据白塔堡河 TN 浓度的空间分布特征，白塔堡河可分为三个区域，即农村带、城镇带和城市带，农村带 TN 污染强度小，城镇带较强，城市带最强。从塔北到入浑河口河段，即下游区域，上覆水和间隙水中 TN 明显高于其他河段，一方面是由于白塔堡河最大的支流河携带大量的营养物从塔北附近汇入干流，另一方面则是因为白塔堡河下游段河道全部位于城区，随着大浑南的开发建设，白塔堡河沿线已经新开发一些高档小区、别墅，另外一些高校、中学、知名企业、政府部门也相继搬往河道沿岸，这无疑也对白塔堡河的水质产生了巨大的破坏与压力。

根据白塔堡河 TP 浓度的空间梯度分布特征，可将白塔堡河大致分为三段，即农村带河段、城镇带河段、城市带河段。TP 污染程度由农村带、城镇带、城市带依次增强，农村带 TP 主要来自养殖废水的排放和面源污染；城镇带位于城乡接合部，TP 主要来自生活污染和工业园区排水；城市带 TP 主要来自居民生活废水以及工业废水的排放。

2. 现场采样数据

为进一步明确白塔堡河水质情况，在方案编制之初对白塔堡河进行现场采样分析。现场调查过程中，在重点河段和点位进行了取样检测，具体水质情况见表 5-2，采样点位见图 5-7。

表 5-2　白塔堡河现场水质检测数据

序号		河流位置	水质指标（mg/L）			
			COD	氨氮	总氮	总磷
沈抚灌渠（上游）以东	1	干流（后林新村）	13	3.5	4	2.50
	2	干流（王起寨二坝处）	9	0.5	3	0.21
	3	支流（华瑞家园东侧）	389	41.1	57	
沈抚灌渠（上游）以西干流	1	沈抚灌渠	61	2.57	5.98	0.14
	2	白塔堡河水	43	6.84	8.33	0.73
	3	博荣水立方小区	95	21.5	26.4	1.71
	4	三环桥	44	7.55	9.38	0.75
	5	沈阳理工大学	35	6.31	8.79	0.70
	6	新才街/沈营大街	28	26.1	30.5	0.82
	7	污水排放口出水	44	10.0	12.3	1.03
	8	白塔公园汇合口下游	72	14.5	18.1	1.17
	9	高铁路上深路	45	16.1	19.3	1.01

续表

序号		河流位置	水质指标（mg/L）			
			COD	氨氮	总氮	总磷
沈抚灌渠（上游）以西支流	1	沈抚灌渠	61	2.57	5.98	0.14
	2	全运路白塔堡河水	139	28.5	31.4	3.03
	3	软件园 B 区西门	173	27.0	33.2	3.02
	4	藏珑小区水坝	91	23.0	27.8	2.59
	5	智慧三街河水	219	27.3	31.2	2.43
	6	白塔公园支流河水	71	25.2	29.5	1.31
	7	白塔公园西区泵站	118	57.6	69.9	4.18

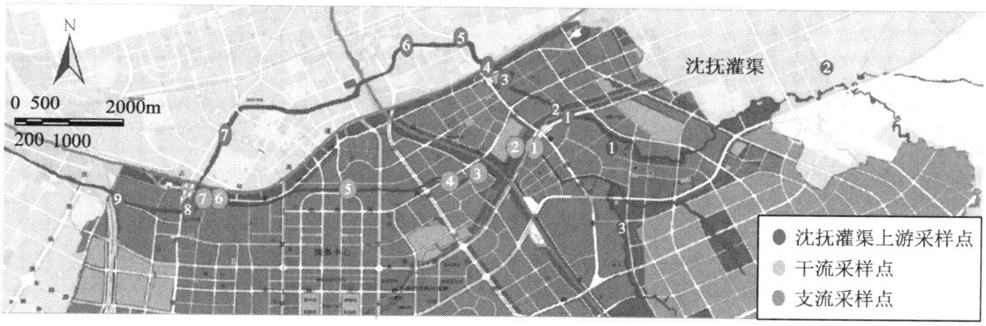

图 5-7　白塔堡河水质检测点位（彩图附书后）

检测结果表明，沈抚灌渠以东干流河道的水质相对较好，支流河华瑞家园一支由于附近小区污水处理站的污水排入，污染物浓度非常高，COD、氨氮和 TN浓度分别高达 389mg/L、41.1mg/L 和 57mg/L，在支流河交汇处（营城子西污水处理站附近）可以很清晰地看出清污分界线，见图 5-8。

图 5-8　支流河交汇处（3 号点下游）的清污分界线

沈抚灌区以西河段,支流河段的污染物浓度明显高于干流河段。支流河沿线水质均比较差,尤其以智慧三街和白塔公园西区泵站附近最为严重。经现场估测,上泉水峪村至营城子西污水处理站河段的日均流量在 1000m³ 左右,河道水质相对较好,主要为沿线河道自然汇水和少量生活污水汇入。从沈阳市第六十三中学至全运路下游沈抚灌渠交汇处,支流河河水的污染物浓度接近生活污水,说明该河段基本丧失自净能力,河道内主要为生活污水。沈抚灌渠以西河道由于沈抚灌渠水量补给,藏珑小区以东河道内污染物浓度较上游河道有明显降低,但从藏珑小区至智慧三街的河水污染物浓度再次升高,说明该河段有污水汇入。此外,监测数据表明,白塔公园内西区泵站外排水的汇入,明显增加了支流河污染负荷。

干流河段沈抚灌渠至三环段以博荣水立方小区下游水质最差,COD、氨氮和 TN 浓度分别高达 95mg/L、21.5mg/L 和 26.4mg/L,主要污水来源为上游住宅小区的污水处理站排水。三环内,干流河道的水质相对较好。下游白塔公园支流河汇入后污染物浓度开始变高,汇合后的河水 COD、氨氮和 TN 浓度分别高达 72mg/L、14.5mg/L 和 18.1mg/L。

3. 第三方检测结果

为了确保监测数据正确与合法,浑南区城乡建设局邀请第三方检测单位广电计量检测(沈阳)有限公司对河道进行第二次采样分析,检测指标及布点方法按照《城市黑臭水体整治工作指南》进行,干支流水质检测数据分别见表 5-3 和表 5-4。

表 5-3　白塔堡河干流第三方检测数据

采样点位	样品描述	检测项目	单位	检测结果
白塔堡河干流 10 号	土黄色,浑浊,微弱气味,无浮油	透明度	cm	35
		溶解氧	mg/L	5.2
		氧化还原电位	mV	80
		氨氮	mg/L	0.796
白塔堡河干流 9 号	土黄色,浑浊,微弱气味,无浮油	透明度	cm	36
		溶解氧	mg/L	4.6
		氧化还原电位	mV	72
		氨氮	mg/L	0.878
白塔堡河干流 8 号	土黄色,浑浊,微弱气味,无浮油	透明度	cm	38
		溶解氧	mg/L	5
		氧化还原电位	mV	50
		氨氮	mg/L	16.2

续表

采样点位	样品描述	检测项目	单位	检测结果
白塔堡河干流 7 号	土黄色，浑浊，微弱气味，无浮油	透明度	cm	31
		溶解氧	mg/L	4.2
		氧化还原电位	mV	47
		氨氮	mg/L	2.58
白塔堡河干流 6 号	土黄色，浑浊，微弱气味，无浮油	透明度	cm	34
		溶解氧	mg/L	4.1
		氧化还原电位	mV	51
		氨氮	mg/L	2.45
白塔堡河干流 5 号	土黄色，浑浊，微弱气味，无浮油	透明度	cm	31
		溶解氧	mg/L	4.2
		氧化还原电位	mV	65
		氨氮	mg/L	2.4
白塔堡河干流 4 号	土黄色，浑浊，微弱气味，无浮油	透明度	cm	33
		溶解氧	mg/L	3.4
		氧化还原电位	mV	52
		氨氮	mg/L	2.01
白塔堡河干流 3 号	土黄色，浑浊，微弱气味，无浮油	透明度	cm	37
		溶解氧	mg/L	3.2
		氧化还原电位	mV	40
		氨氮	mg/L	1.93
白塔堡河干流 2 号	土黄色，浑浊，微弱气味，无浮油	透明度	cm	32
		溶解氧	mg/L	4.1
		氧化还原电位	mV	30
		氨氮	mg/L	2.28
白塔堡河干流 1 号	土黄色，浑浊，微弱气味，无浮油	透明度	cm	33
		溶解氧	mg/L	4.2
		氧化还原电位	mV	32
		氨氮	mg/L	2.37

注：浅灰色为达到轻度黑臭标准，深灰色为达到重度黑臭标准

表 5-4 白塔堡河支流第三方检测数据

采样点位	样品描述	检测项目	单位	检测结果
白塔堡河支流 19 号	微黄，浑浊，微弱气味，无浮油	透明度	cm	34
		溶解氧	mg/L	2.8
		氧化还原电位	mV	51
		氨氮	mg/L	15.7
白塔堡河支流 18 号	微黄，浑浊，微弱气味，少量浮油	透明度	cm	35
		溶解氧	mg/L	2.3
		氧化还原电位	mV	41
		氨氮	mg/L	0.58
白塔堡河支流 17 号	微黄，浑浊，微弱气味，少量浮油	透明度	cm	33
		溶解氧	mg/L	1.3
		氧化还原电位	mV	−28
		氨氮	mg/L	13.7
白塔堡河支流 16 号	微黄，浑浊，微弱气味，少量浮油	透明度	cm	32
		溶解氧	mg/L	1.3
		氧化还原电位	mV	−10
		氨氮	mg/L	15.4
白塔堡河支流 15 号	微黄，浑浊，微弱气味，少量浮油	透明度	cm	33
		溶解氧	mg/L	1.5
		氧化还原电位	mV	−5
		氨氮	mg/L	15.6
白塔堡河支流 14 号	微黄，浑浊，微弱气味，少量浮油	透明度	cm	32
		溶解氧	mg/L	4
		氧化还原电位	mV	3
		氨氮	mg/L	4.86
白塔堡河支流 13 号	微黄，浑浊，微弱气味，少量浮油	透明度	cm	32
		溶解氧	mg/L	4.2
		氧化还原电位	mV	2
		氨氮	mg/L	5.03
白塔堡河干流 12 号	微黄，浑浊，微弱气味，少量浮油	透明度	cm	36
		溶解氧	mg/L	4.5
		氧化还原电位	mV	1
		氨氮	mg/L	5.38
白塔堡河干流 11 号	微黄，浑浊，微弱气味，少量浮油	透明度	cm	37
		溶解氧	mg/L	4.5
		氧化还原电位	mV	3
		氨氮	mg/L	5.51

续表

采样点位	样品描述	检测项目	单位	检测结果
白塔堡河 支流 20 号	微黄，浑浊，微弱气 味，无浮油	透明度	cm	32
		溶解氧	mg/L	3.6
		氧化还原电位	mV	46
		氨氮	mg/L	12.9
白塔堡河 21 号	微黄，浑浊，微弱气 味，无浮油	透明度	cm	32
		溶解氧	mg/L	3.9
		氧化还原电位	mV	44
		氨氮	mg/L	11.2
白塔堡河 22 号	微黄，浑浊，微弱气 味，无浮油	透明度	cm	33
		溶解氧	mg/L	3.7
		氧化还原电位	mV	49
		氨氮	mg/L	12.2

注：浅灰色为达到轻度黑臭标准，深灰色为达到重度黑臭标准

5.2.3　黑臭程度分级

根据第三方监测单位判定，白塔堡河干流 1#～3#为轻度黑臭水体，4#～6#为合格水体，7#为轻度黑臭水体，8#为重度黑臭水体，9#、10#为合格水体；支流河段 11#～14#为轻度黑臭水体，15#、16#为重度黑臭水体，17#、18#为轻度黑臭水体，19#为重度黑臭水体，20#～22#为轻度黑臭水体，全线评价为轻度黑臭。

5.2.4　污染源调查

2017 年 3 月，集中对白塔堡河干支流上游至下游全段进行了现场调查并在重点污染源和重点河段进行了采样分析。河道内主要存在点源、面源、河道淤积、河道及两侧垃圾成堆等污染，河流正逐渐失去河流廊道正常功能及河流生态价值。

1. 点源调查

点源是指以点源形式进入城市水体的各种污染源，主要包括排放口直排污废水、合流制管道雨季溢流、分流制雨水管道初期雨水或旱流水、非常规水源补水等。目前，白塔堡河水系浑南段沿线共有排口 85 个，其中，干流 50 个，支流 35 个，正在排水 23 个，见图 5-9、图 5-10。重点点源污染源 31 个，包括污水处理厂排

口 1 个，雨水泵站排口 4 个，污水处理站排口 10 个，还有养殖场、残羹作坊和沈阳市第六十三中学等污染源。

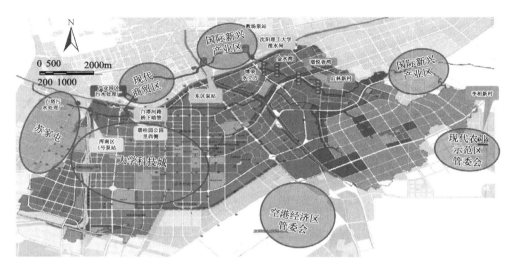

图 5-9　干流重点点源污染源位置分布情况

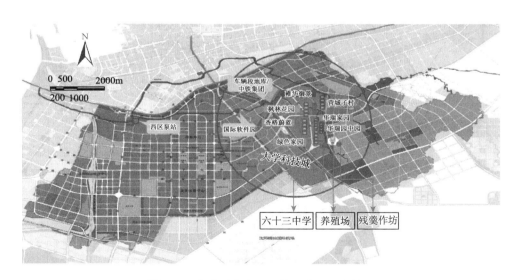

图 5-10　支流重点点源污染源位置分布情况

1）污水处理厂（站）排口

经过调查，干支流污水处理设施有产业园区污水处理厂和李相新村小型人工湿地，还有 12 处住宅小区污水处理站。

产业园区污水处理厂采用序批式反应器（sequencing batch reactor，SBR）工艺，设计规模 2 万 t/d，现行出水执行标准为二级。目前，该污水处理厂经常超负荷运行，设备处于带病运行和故障停运状态。配套的自控系统相对陈旧，不能满足 SBR 系统需求。同时，该厂没有化验室，进出水水质无法得到有效控制。经了解，该污水处理厂已规划调流至桃仙污水处理厂，未来将予以拆除。该污水处理厂及其排水口见图 5-11。

图 5-11　产业园区污水处理厂及其排水口

白塔堡河支流区域内存在 10 处住宅小区污水处理设施（污水主要来源为集中居民小区：华瑞家园、香格蔚蓝、枫林花园、绿色家园等居民小区以及营城子街道两侧商铺；分散住户；小商铺、浴池等）。由于现有设施无预处理、活性污泥性能差等原因，出水水质不达标，排入河道污染水质。为提升白塔堡河水质，需从源头进行治理，维修和改建现有污水处理设施，提升污水处理设施效能，见图 5-12。

图 5-12　污水处理站现场

从表 5-5 水质检测数据来看，污水处理设施大部分均未能达标排放，存在停摆现象。

表 5-5　各小区污水处理站出水水质检测

编号	名称	COD（mg/L）	氨氮（mg/L）	总氮（mg/L）	总磷（mg/L）	DO（mg/L）	pH
1	后林新村总出水	37	42.7	51	8.3	7.85	7.57
2	后林新村生化池	49	44.2	53	6.5	8.22	7.46
3	博荣水立方排水	322	58.3	68	9.6	4.23	7.51
4	金水湾排水	295	61.2	72	12.3	2.24	7.49
5	枫林花园进水	194	31.2	38	—	1.37	7.06
6	枫林花园出水	51	—	34		7.11	7.02
7	华新园生化池	99	—	46		8.38	6.97
8	华新园出水	130	10.6	43		5.23	6.87
9	华瑞家园河道	389	41.1	57		0.54	7.03
10	华瑞园中园出水	331	67.6	79		0.58	7.22
11	绿色家园出水	191	95.3	115		2.83	7.64

李相新村小型人工湿地于 2008 年建设，承接李相新村回迁小区的生活污水约每日 300t，小区内有污水处理站。自湿地转交街道后，因缺少经费基本停止运行，见图 5-13。

图 5-13　李相新村及其小型人工湿地现场

2）雨水泵站排口

白塔堡河周边涉及的雨水泵站主要有教场泵站、东区泵站、西区泵站、浑南区 1 号泵站、大甸子泵站等。调查过程中发现，除西区泵站旱季有大量外排水以外，其余泵站均未排水，见图 5-14。

经了解，教场及东区泵站的汇水区域为青年大街以东，长青街以西，远航路以南，三环以北。西区泵站的汇水区域为青年大街以西，沈营路以东，远航路以南，三环以北。大甸子泵站主要承接全运路以东、三环线以南的雨水，其中丽水新城有部分污水汇入，排水见图 5-15。

图 5-14　雨水泵站（西区泵站、浑南区 1 号泵站）

(a) 教场泵站排水口　　　　　　　　　　(b) 东区泵站排水口

(c) 西区泵站排水口　　　(d) 浑南区1号泵站排水口　　　(e) 大甸子泵站排水口

图 5-15　雨水泵站排水口

3）散乱排口

经现场排查，白塔堡河沿线还存在较多散乱排口，如沈阳理工大学西侧排水闸每日近万吨水直排。中华园、泰来白金湾、碧桂园公园里、阳光新家园等附近存在明显排口。友爱路及白塔堡河路桥底存在直排，李相新村回迁小区每日有近300t 污水直排，见图 5-16～图 5-18。

(a) 中华园排水口

(b) 白塔堡河路干流排水口

(c) 友爱路排水口

(d) 世纪路排水口

图 5-16　干流沿线散乱排口

(a) 营富桥排水口

(b) 白塔堡河路排水口

(c) 车辆段排水口

(d) 国际软件园排水口

图 5-17　支流沿线散乱排口

图 5-18　沈阳理工大学西侧排水闸

4）规模化养殖场和残羹作坊

两家规模化养殖场，其中一家饲养生猪约 200 头，另一家新建规模化养殖场（约 1000 头生猪）未投入使用；一家餐厅残余作坊，主要收集来自周边餐馆的餐厨垃圾；河道住宅小区和企业污水直排入河，见图 5-19。

(a) 规模化养殖场1　　　　　　　(b) 规模化养殖场2　　　　　　　(c) 残羹作坊

图 5-19　规模化养殖场和残羹作坊

2. 面源调查

1）农业面源污染

白塔堡河面源主要由农作物、经济林等农业生产活动中，农药、化肥等污染物在降水或灌溉过程中，通过农田地表径流、农田排水和地下渗漏进入连山河，导致连山河水体污染及富营养化严重。农民利用河岸滩地种植作物，侵占河道行洪空间且直接导致化肥和农药进入水体形成污染。支流农业生产使用化肥和农药产生的水体污染，主要位于上泉水峪至雍华御景之间。上游、下游河岸种植作物见图 5-20。

2）河岸垃圾

河道两侧垃圾成堆，两岸生活垃圾随意丢弃，侵占河床，护岸受到不同程度的破坏，河道污染严重、淤积严重，并受到严重破坏；河道两侧垃圾污染也导致其周边生态遭到破坏；呈现"脏、乱、差"，苍蝇、蚊子大量滋生，严重影响周围民众的生活质量。水质恶化，底泥也受到污染，含有大量难降解有机物，同时泥裸露于水面，河道库容减小，已严重阻塞河道行洪、排涝。泄洪通道变窄，河道行洪面积减小，形成过水瓶颈，上游来水流量大、流速较快时，容易发生河面上升，影响行洪、排涝。白塔堡河干流沿河垃圾主要在王宝石寨至后林新村等河段，支流上游主要从绿色家园至丽水新城段；下游主要从沈本公路至信达地产段，见图 5-21。

(a) 上游　　　　　　　　　　　　　(b) 下游

图 5-20　上游、下游河岸种植作物

图 5-21　河道两侧垃圾

　3）农村旱厕

　　由于环卫设施配套不齐全，在农村和城乡接合部存在少量旱厕直接入河，严重影响了白塔堡河周边环境质量，见图 5-22。

　3. 内源调查

　　白塔堡河上游河道为自然形成，河道曲折蜿蜒。每到汛期行洪时水土流失严重，冲刷两岸耕地。同时由于附近村屯垃圾倾倒和多年生活污水的排放及常年自然沉积，河道底部聚积了大量淤泥，增加河道的内部污染源，并缩窄河道断面，天气炎热时散发出难闻的刺鼻气味。

(a)　　　　　　　　　　　　　　　　　(b)

图 5-22　上游、中游旱厕

　　干流河道内污染物沉积形成一定厚度的淤泥。河道内堆积垃圾、植物残体，局部河道中有建筑垃圾和石块。支流河道堆积的垃圾、砖块和碎石，河底淤积的底泥和植物残体等，上游主要分布于绿色家园至丽水新城段；下游主要分布于沈本公路至信达地产段。经初步估测，河道淤泥厚度在 0.5～1.0m，有砖块和碎石的河道长约 2.5km，见图 5-23。

(a)　　　　　　　　　　　　　　　　　(b)

图 5-23　营富桥附近河道淤积和沈本公路附近砖块

4. 环境条件调查

1）周边环境特征

河道生态系统的重要结构特征有河道连通性及宽度。现白塔堡河河道内存在大量淤泥、垃圾，严重破坏了河道的河势，河道退化。上下游连续性及连通性较差，进而影响河流生态功能。上游农田侵占河道严重、两岸植被物种单一，河道两侧多为农作物，地带性植物不明确。下游为城市带固化护岸，目标植物覆盖度低，河道生态结构破坏严重。

2）水文条件

白塔堡河为山区与平原混合产流的小河流，其洪水由山区洪水和平原洪水两部分组成，因此设计洪水流量按山区洪水和平原洪水分别计算。将平原区排水流量加在干流各断面计算的山区洪峰流量上即可得到白塔堡河各断面设计洪峰流量，详见表5-6。

表5-6　白塔堡河干流设计洪峰流量表

控制断面	集水面积（km²）	洪峰流量（m³/s）			
		$P = 2\%$	$P = 5\%$	$P = 10\%$	$P = 20\%$
断面Ⅰ	12.6	111	79.5	56.8	35.6
断面Ⅱ	34.8	219	157	112	70.1
断面Ⅲ	87.0	403	289	206	129
断面Ⅳ	118	429	301	215	135
断面Ⅴ	182	504	363	258	161

3）水体岸线硬化状况

白塔堡河为天然河道，河流多弯，河流转弯处洪水冲刷严重，多处出现脱坡、坍塌，前期工程对部分弯道进行裁弯取直，并进行浆砌石护砌。干流段沈阳理工大学西侧至白塔公园为两侧浆砌石护岸，支流河丹阜高速至白塔公园为单侧浆砌石护岸，见图5-24、图5-25。

(a) 教场泵站　　　　　　　　　　　　　　　(b) 中华园

(c) 金辉街

(d) 二十一世纪大厦

(e) 新明街

(f)白塔公园

图 5-24 干流河岸线硬化情况

(a) 丹阜高速

(b) 藏珑小区

(c) 沈本大街

(d) 沈中大街

(e) 智慧三街　　　　　　　　　　　　　　(f) 白塔三街

图 5-25　支流河岸线硬化情况

其余河段共护砌 9 处，护砌长度共 9700m，其中，左侧 4600m，右侧 5100m，详见表 5-7。护砌型式如下，基础：浆砌石挡墙高 1.2m，宽 0.8m，护坡浆砌石厚 0.5m。

表 5-7　护岸工程汇总表

序号	位置	护砌长度（m）	左侧长度（m）	右侧长度（m）
1	石官村	500	—	500
2	后李相翻板闸下游	1000	500	500
3	邦士台村人工桥	500	500	—
4	邦士台村翻板闸下游	500	—	500
5	高八寨村桥下游	400	—	400
6	永安桥上游	200	200	—
7	王宝石寨桥下游	200	200	—
8	营富桥下游	2400	1200	1200
9	沈苏公路桥上游	4000	2000	2000
合计		9700	4600	5100

5.2.5　问题分析

综上所述，白塔堡河黑臭水体产生主要有以下几个方面的原因：

（1）河道水体进入营城子地区后水质开始变差，中游城镇带小区市政设施配套不完备，污水处理设施停摆或运行不良，大量污水排入河道，是导致营城子地区乃至下游河道水体发黑发臭的主要原因。

（2）下游河道污染主要是雨水泵站存在污水混接，污水处理厂超负荷运行，导致大量污水超越进入河道，这也是下游河道水质变差的重要原因。

除此之外，干、支流上游农村生活污水处理、垃圾收集、畜禽养殖和种植等管理不规范，是导致河道存在脏、乱、差现象的关键因素。

5.2.6 综合整治内容

1. 控源截污工程

控源截污技术是指从源头控制污水向城市水体排放，主要用于城市水体沿岸污水排放口、分流制雨水管道初期雨水或旱流水排放口、合流制污水系统沿岸排放口等永久性工程治理。

1）污水处理厂（站）排口

产业园区污水处理厂存在的主要问题是设备陈旧、规模小且故障多，如果对该污水处理厂进行提标改造，受规模限制，改造成本较高且效益不明显。加之该污水处理厂规模已不能满足本地区污水收集能力，污水处理厂周边又没有多余地块可用于提标改造，所以建议该污水处理厂进行拆除，原本进入该污水处理厂的污水调流至桃仙污水处理厂（40 万 t/d）。

区域内的 12 处住宅小区污水处理站，存在的主要问题是：

（1）设计规模不能满足小区来水量，分别为金水湾、璟悦香湾和后林新村三处住宅小区，采取措施为扩建污水处理站。采用工艺为厌氧工艺＋MBR，污水经处理达到《城镇污水处理厂污染物排放标准》（GB 18918—2002）一级标准的 A 标准后排入水体。

（2）污水处理厂运行维护水平不高，如绿色家园小区，经参数调整后出水水质 COD、氨氮指标优于黑臭水体水质指标，无须扩建污水处理站。

2）雨水泵站及散乱排口

三环以内河流（城市段）区域内，雨水泵站存在雨污混流情况，造成河体污染，主要是由于企事业单位及居民小区的生活污水混入雨水管网内，经雨水末端泵站排放。针对此情况，制定如下整治工作步骤：

（1）加大排水管网混接情况的排查，由浑南水务集团负责实施。

第一，管网排查前的准备工作：根据浑南区雨水排放分区分布情况，分区域明确管网走向，掌握排水资料，包括排水管网的埋深、管材、管径等。

第二，管网排查顺序：由排水管网主干线至支线的方式逐一排查，不留死角，重点排查小区周边等重要点位，确定小区及企事业单位接入市政排水管网的具体点位。

第三，管网排查的方式：①揭井盖法。利用人工揭井盖的方式，观察分析排水径流的方向、流量的增减，从而确定雨污混流的区域及点位。②内窥镜观察法。

利用内窥镜，对非满流管网进行排查，可以最大限度地观察地下管网的情况，从而记录雨污混接的点位。③分段堵截法。利用分段排查的方式，把管网分成若干段，尽量排空管网内积水，降低管道内流水速度，采用排除法，逐一进行确认。④采用智能化在线检测模块的方式，对管网内排水的深度、流量及水质进行监测。在主干线与支线的接合处，利用反馈的信息变化，在线进行大数据分析，从而确定雨污混流的区域。

分组排查，排查人员每天进行一次进度报告，对发现的混接点位，制定相应的整改计划；逐条逐项落实责任人、完成时限，完成一件销号一件；对污染源查出一处，方案制定一处，方案研究通过一处，立即处理一处。联合相关执法部门（执法局、环保局、水利局）对错接点位进行实地勘察，对违规接设单位由执法部门下责令整改通知书，绝不允许推诿扯皮，拖延不办。成立的联合小组要对各部门负责的相关工作任务完成情况进行监督检查，全程协助浑南水务集团对混接点位进行改造。

（2）污染源确定。

企事业单位产生的污水及居民小区楼盘的生活污水混入雨水管网内。混接形式按照主干线检查井直接混接、商业网点私接雨水收集井两种形式进行汇总。

（3）雨污混流整治的改造方案及实施。

雨污混流整治的改造方案及实施如下：①对于需要改造的小型混接点位，如生活污水私接雨水收集井等，采取发现即立即处理的方式进行封堵，改造时限不超过3天；②对于需要破路改造的中型雨污混接点位，经区建设局河流整治工作小组开会研究后，立即启动快速审批流程，对混接点位进行改造，改造时限不超过10天；③对于确实工作量大、解决难度大的，联系规划及设计部门进行专项工作方案制定，列入日程，报区政府后，马上启动改造工作。

由于目前雨水管线中存水量较大，不利于排查，拟采用管线分段排空、封堵方式，彻底查清污水源。同时，加大各泵站出口处水质监测频率，随时监测水质变化情况，最低保证每周都有检测数据，直到水质达标为止。在雨污混接彻底改造之前，采用截流式的排水方式，敷设截留干管将排水转输至污水处理厂，避免直排河体造成污染。根据浑南区具体情况，经与设计部门及污水处理厂研究，教场泵站通过汇泉路及世纪路污水管线，东区泵站通过世纪路污水管线进入西区污水泵站并进入下游污水处理厂。

远期拟建立排水管网运行监测系统，采用智能化在线检测模块的方式，对管网内排水的深度、流量及水质进行监测。在主干线与支线的结合处，利用反馈的信息变化，在线进行大数据分析，从而确定雨污混流的区域。及时进行区域内的排查工作，立即进行整改。对管网敷设不完善的区域，重新敷设排水管线，达到雨污分流排水体制。对商业网点存在的混接问题，联合执法部门责令进行整改、封堵。在末端雨水泵站出水口处，拟采用修建简易水处理装置，自行培养生物菌的方式，改善排放水体的水质；或在出水端进行围堰投药的方式净化水体。

3）散乱排口

对于三环以外，目前没有污水处理设施或已有污水处理设施损坏、难以修复的住宅小区，采取新建污水处理站的方式，实现控源截污。经计算，需新建 7 处污水处理站，分别位于博荣水立方、融城七英里、丽水新城、尚盈丽都、华瑞家园 5 处住宅小区和营城子西、李相镇。同样采用厌氧 + MBR 工艺，污水经处理达到《城镇污水处理厂污染物排放标准》（GB 18918—2002）一级标准的 A 标准后排入水体。

本次污水处理站工程属于临时工程，设计使用年限 5 年。2017 年 10 月建成投产。生活用水量根据《室外排水设计规范》（GB 50014—2006）的居民生活污水定额计算，按中小城市二类分区居住区生活用水定额计算，每人每天生活用水定额 110L/（人·d）。居民人数根据沈阳国家大学科技城管理委员会提供的各社区居住人口数量计算用水量。

现有建设小区周边有配套设施，如饭店、洗浴、幼儿园等，需结合居民生活用水量和现有污水处理站的污水量进行预测。居民生活排水量由管网收集率 80% 收集排水量进行计算，现有污水处理站设计规模和日处理水量由沈阳市浑南水务集团提供。结合用水量统计（表 5-8），确定各污水处理站规模。各社区污水处理站污水量统计表见表 5-9。

表 5-8　各社区用水量表

序号	小区名称	建成户数	实际入住户数	实际入住人数	实际入住用水量(t/d) [人均用水 110L/(人·d)]
1	博荣水立方	1781	1500	4500	495
2	金水湾	1766	1745	4362	479.82
3	融城七英里	1325	353	1059	116.49
4	璟悦香湾	4675	4675	14025	1542.75
5	后林新村	1946	1946	5838	642.18
6	丽水新城	6232	5132	15396	1693.56
7	华瑞家园	752	720	1201	132.11
	华瑞园中园	493	305	571	62.81
8	华新园及营城子西侧饭店聚集区	639	639	1917	210.87
	枫林花园	434	375	1290	141.9
9	李相镇	—	—	2500	275
10	尚盈丽都	—	—	5000	550

表 5-9　各社区污水处理站污水量统计表

序号	污水处理站	实际用水量(t/d)	排水量(管网收集率80%)(t/d)	据水务集团统计现有污水处理站进水量(t/d)	现有污水处理站设计规模(t/d)	是否新建、扩建	设计水量(排水量×变化系数)(t/d)
1	博荣水立方	495	396	—	废弃	新建	500
2	金水湾	479.82	384	800～900	690	扩建	300
3	融城七英里	116.49	93	无	无	新建	300
4	璟悦香湾	1542.75	1234	1300	600	扩建	800
5	后林新村	642.18	514	1000～1200	900	扩建	500
6	丽水新城	1693.56	1355	无	无	新建	1500
7	华瑞家园	132.11	106	300	废弃	新建	500
	华瑞园中园	62.81	50	200			
8	营城子西处理站	210.87	169	300	废弃	新建	500
9	李相镇	275	220	—	无	新建	300
10	尚盈丽都	550	440	—	无	新建	500

注：营城子西处理站接纳华新园污水、枫林花园超量污水（100t/d）

沈阳市城市管理行政执法局（以下简称"执法局"）联合沈阳市生态环境局、沈阳水务集团有限公司、沈阳市水利局对散排情况进行调查，对周边小区、沿线企事业单位和市政管网的井盖一一打开进行检查，对未纳入管网的排口统一纳入市政管网，见图 5-26。

图 5-26　散排口纳入市政管线

4）规模化养殖场和残羹作坊

查阅《沈阳市畜禽禁养区划定方案》，白塔堡河沿线畜禽养殖单元均处于生态红线保护区内，即在禁养区范围内，国际软件园北侧的散养户应当予以取缔。对于三环桥和 304 国道南侧两处畜禽养殖单元、沈阳市第六十三中学及孙家寨附近畜禽养殖单元，因其靠近居民区并在禁养区范围内，应要求其搬迁。沿线畜禽养殖单元位置示意图见图 5-27。两处残羹作坊应予以取缔，餐厨垃圾可运往老虎冲餐厨垃圾处理场，残羹作坊位置示意图见图 5-28。

图 5-27　沿线畜禽养殖单元位置示意图

图 5-28　残羹作坊位置示意图

2. 面源治理工程

1) 农业面源污染

面源污染主要通过生态修复工程来削减,其由白塔堡河支流营城子段下游生态湿地强化工程和河道原位修复工程组成。其中,生态湿地强化工程位于沈阳市全运路与 304 国道交叉口东北部地块,占地面积为 2.43hm²,处理水量为 4000t/d,进水为白塔堡河支流河水。工程采用潜流人工湿地 + 表流人工湿地组合工艺,包括格栅及提升泵池一座、高效复合流人工湿地 1.18hm²、表流人工湿地 0.36hm² 及景观绿化工程。原位修复工程范围包括干流河段全长 2.4km,从沈抚灌渠下游 50m 至沈阳理工大学西侧浆砌石坝;支流河段全长 3.6km(雍华御景东侧营城子污水处理站至白塔堡河二路)。河道原位修复工程面积约 39.6hm²,包括白塔堡河水系干流沈抚灌渠至沈阳理工大学河段,支流河从营城子大街至白塔堡河二路河段,建设内容包括植物缓冲带、生物飘带、曝气富氧、生态网箱等。

(1) 植物缓冲带措施。

农业面源污染主要来自上游河道两侧,因此在干流沈抚灌渠至三环桥、支流河雍华御景小区至全运路之间,两岸共建设水生植物修复带约 3.3km,宽度 10~

20m，主要用于防控面源污染和修复硬化河道生态系统。该河段河道坡降较缓且水深相对较浅，适合于维管束植物的生长。

利用水生植物带可以控制部分地表径流所造成的面源污染，同时植物缓冲带可起到护坡作用，具有一定的水土保持作用。针对下游固化性河道破损和损坏情况进行维修。水生植物通过光合作用改善环境，为水生动物提供空间生态位，通过水生植物直接吸收水体中的 N、P 等营养物质，净化水质，抑制藻类生长，提高水生态系统自净能力。由于此河段污染物浓度较高，必须选择耐污能力较强的水生植物如芦苇、千屈菜等。植物种植时，按照水深条件顺水流方向种植，为主河槽预留出行洪空间。植物缓冲带实景图见图 5-29。

（2）生物飘带技术及太阳能曝气。

生物飘带技术是采用生态基巨大的生物接触表面积培养微生物群落，包括菌类、藻类、原生动物和后生动物对景观水体进行深度处理，而且对景观水体的影响很小，尤其对水质和景观要求较高的水体治理，如微污染水体治理及水质维护、农村面源污染治理等更为适用。生态飘带为人工浮岛与柔性接触填料的组合体，设置于河中结合曝气复氧对消除水体黑臭的良好效果已被国内一些实验室试验及河流曝气中试所证实。其原理是进入水体的溶解氧与黑臭物质（H_2S、FeS 等还原物质）之间发生了氧化还原反应。对于长期处于缺氧状态的河流，要使水生态系统恢复到正常状态，一般需要一个长期的过程，水体曝气复氧有助于加快这一过程。生物飘带铺设效果见图 5-30。

图 5-29　植物缓冲带实景图　　　　　图 5-30　生物飘带铺设效果

河道曝气复氧具有效果好、投资与运行费用相对较低的特点，已成为一些发达国家如美国、德国、法国及中等发达国家与地区如韩国等在中小型污染河流污染治理中经常采用的方法。对于污染情况严重、污染长期排入的水体需配合生物方法及生态措施，因此，河道曝气复氧可作为辅助生物生态修复的方法。

由于干流水深自博荣水立方小区至东三环桥、支流白塔堡河二路至全运路之间逐渐增加，河道富氧能力逐步下降。由于污染物浓度较高且水流速度较快，因此其既不适合挺水植物生长，也不适合沉水植物生长。因此，在白塔堡河二路至全运路之间、东三环桥至博荣水立方小区之间选择合适地段修建生物飘带约 5000m^2，见图 5-31、图 5-32；同时布设太阳能曝气装置 36 组，见图 5-33。通过河道增氧营造好氧环境，利用生物飘带的微生物对污染物进行削减，逐步降低上游污水中的污染物浓度。

图 5-31　全运路附近的生物飘带

图 5-32　藏珑小区附近的生物飘带

图 5-33　藏珑小区附近放置的太阳能曝气机

（3）生态网箱。

生态网箱内填料空隙有利于微生物菌剂附着和水生动、植物的生长，可以形成良好的底栖生态系统。通过良好的水体交换，网箱内生物菌剂可以分解污染水体内的多种污染物。在网箱土层上部，种植美人蕉、香蒲等植物，既能起到水体净化的作用，又能美化环境，见图 5-34。

整个生态网箱通过下层微生物固定化填料与水体充分接触，起到水质净化作用。通过水生植物的根系与生物填料之间构建微生物生态系统，进一步起到强化水质净化的作用。高效生态网箱集微生物降解作用、载体吸附作用、植物吸收作用、富集作用、曝气复氧作用、美化环境作用等优点于一身。结合水生植物种植，局部布置生态网箱 3000m^2，主要布置在 304 国道至沈本公路之间，见图 5-35。

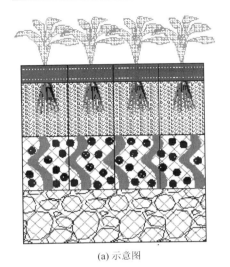

(a) 示意图

(b) 实景

图 5-34　生态网箱断面示意图及实景

图 5-35　藏珑小区附近的生态网箱

（4）水生态旁路净化措施。

复合流式潜流人工湿地技术（以水平流为主，与上升式垂直流结合），与其他类型人工湿地相比，复合流式潜流人工湿地的水力负荷大，对 BOD、COD、SS、氮磷等污染指标的去除效果好，而且很少有恶臭和孳生蚊蝇现象，特别是能有效解决北方寒冷地区的冬季防冻问题。湿地处理工艺出水水质效果好，对于 COD 的去除效率在 40%～80%，但占地面积相对较大。复合流人工湿地示意图见图 5-36。

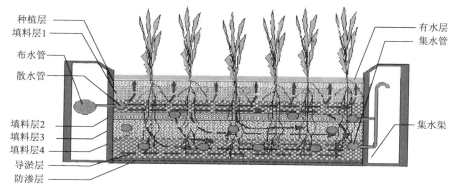

图 5-36　复合流人工湿地示意图

　　支流河人工湿地位于全运路与 304 国道交叉路口西南角；由全运路、304 国道、沈抚运河与白塔堡河围成部分长约 380m，宽约 100m。根据平水期流量 4000t/d 计算，需建约 1.5hm² 的人工湿地，见图 5-37。

图 5-37　白塔堡河生态湿地公园

　　2）垃圾清理

　　为解决河道上游沿河村屯居民生活垃圾对水质影响问题，环卫部门通过从源头对白塔堡河及支流沿河村屯走访排查，将白塔堡河干流上游农村地区老塘峪、石官屯、前李相、后李相、得胜、王士兰、高八寨、永安、沙河子、收兵台、南井村、施家寨、王起寨、王宝石寨、孙家寨、营城子、后桑林子、南大甸子等 18 个村屯，白塔堡河支流上游农村地区涉及的上泉水峪、下泉水峪、南岭村、营城子、前桑林子、后桑林子 6 个村屯作为综合整治对象。

　　确定整治对象后，环卫部门结合春季农村环境卫生整治，积极开展专项整治，利用一个月的时间全面清理河道各类垃圾。沈阳市城市管理行政执法局农村环卫所从污染源防治、河流水体、护岸护堤、两岸环境维护入手，通过水面与岸边相结合的方式对河道中漂浮物进行了打捞，对桥头两侧生活垃圾、农余垃圾进行了集中收集清运。根据河流两岸地形、垃圾类型合理安排人工机械，对河岸坡面较缓、水面较浅、垃圾较少的点位由人工捡拾；对河岸坡面较陡、水面较深、垃圾堆放量较大等人工无法作业的点位，执法局外雇挖掘机进行了清理；针对岸坡的建筑垃圾点位，执法局调用钩机、自卸车铺垫修正作业道，确保按时保质保量解决好白塔堡河支流沿河村屯居民生活垃圾对水质影响的问题。前期整治阶段，环卫部门共出动人员约 4000 人次，各类作业车辆 900 余台次，清理生活垃圾约 600t，农业垃圾 630 余 t，建筑垃圾及残土约 600m³。

为进一步巩固整治成果，执法局结合宜居乡村生活垃圾治理工作，将农村地区白塔堡河及支流水体岸坡环境卫生、垃圾清理纳入农村生活垃圾常态化管理工作中，组织农村环卫所将水体两侧保洁列为重点，组建沟渠保洁队伍，建立河道巡查制度，配置人员定期巡查河道，配备捡拾夹、网兜、竹竿、钩扒、皮衩、安全绳、皮筏子等清理工具，打捞残枝落叶杂草、白色泡沫带、固体垃圾等水面漂浮废弃物，捡拾岸线护坡垃圾、收集清运沿河居民产生的生活垃圾，加强日常监管，强化日常打捞保洁收运，确保水面河道干净、整洁。

加强农村地区沿河集贸市场及周边垃圾收集管理，配备足够的清扫保洁人员和垃圾收集容器，负责市场经营期间巡回保洁和收集飘落垃圾，市场撤市后及时增派清扫保洁人员和车辆对遗留垃圾进行清理清运。生活垃圾、农余垃圾收集后及时运送至转运站，避免二次污染。

在王士兰村、王宝石寨、施家寨等村屯开展农村生活垃圾上门收集工作，避免村民乱扔乱倒生活垃圾。印制并发放《致村民的一封信》宣传生活垃圾上门收集工作，营造浓厚的氛围，发动村民参与，争取试点行政村村民的积极参与和配合。改变村民们垃圾随手入河的习惯，有效改善河道环境。

为加强沿河村屯环境卫生基础设施，执法局在村屯内设置钩臂式垃圾箱、修建垃圾房，从而改善村屯环卫基础设施条件差、村屯垃圾乱堆乱放的现象。目前沿河村屯内已设立各类垃圾收集设施 94 个，并投放钩臂式垃圾箱 50 个，以方便村民垃圾投放，进一步减少流经村屯的入河垃圾量。

随着城市环卫市场化改革，将白塔堡河及支流水体河道环境卫生作业作为市场化改革内容，列入市场化运作范围。要求市场化作业单位对建成区河道两侧市政道路每日进行机械化清扫作业，定期对路面、路边石进行刷洗。采取人工巡回保洁，对人行道及街路机械化清扫车清扫盲区进行清扫，清理绿地、岸坡枯枝落叶、废弃杂物和暴露垃圾，擦拭河道两侧护栏、街设家具和环卫设施，每日收集清运生活垃圾。河道水面配备固定环卫保洁作业人员、快速保洁车辆、船只和作业工具，打捞各类水面漂浮废弃物。通过环卫市场化监管，定期考核运营公司，提高河道水体管理质量，充分发挥考核评比的导向激励作用，以每月承包经费作为月考核奖惩金，与质量考核挂钩，促进河道水体环境卫生质量提升。

3）农村旱厕

各部门一把手亲自主抓，分管领导全程一线参与拆除工作，浑南区城管执法局安排拆除队伍，制定拆除工作计划表，对白塔堡河沿线及支流旱厕逐村进行拆除。拆建结合，拆除过程中，主动帮助村民进行新厕所选址规划等，对个别家庭困难的群众，执法局主动上手帮助完成新厕搭建工作。

2017 年拆除白塔堡河沿线旱厕 21 处，2018 年排查出旱厕共 105 处，拆除 64 处（其中，张沙布旱厕 21 处；拆除孙家寨旱厕 4 处；拆除后营城子村旱厕 5 处、后桑林子旱厕 5 处、孙家寨旱厕 1 处；拆除李相王士兰村旱厕 7 处、东湖街道旱厕 21 处）。

此外，对沿河流域和水源地乱排乱卸行为加大查处力度，取缔占道经营和露天烧烤等各种行为，对全区河流乱排排污管进行梳理，一经查处立即上报区环保局。针对白塔堡河景观带，沈阳市浑南区执法局对沿河可视区域内的市容进行整治，对垂钓人员进行清理。绿化部门在沿线进行绿植栽种工作，将白塔堡河景观路变为集交通、景观、休闲为一体的城市景观带。

3. 内源治理工程

1）清淤工程

（1）对白塔堡河干流（三环外段）8149m（白塔堡河节制闸至三环桥）进行清淤整形。

（2）对白塔堡河干流（三环外段）桩号 6＋543 处渡槽进行维修。

（3）对白塔堡河支流 4786m（沈阳市第六十三中学东侧桥至丹阜高速）进行清淤整形。

（4）对白塔堡河干流（三环内段）局部段进行河底整平及清除杂草 2414m，并采用人工清运杂草。

2）底泥原位修复工程

（1）白塔堡河干流修复长度 3300m（金水湾至三环 2100m、丹阜高速至糖厂子 1200m）。

（2）支流底泥修复长度 6200m（含李相新村段 1000m）。

4. 其他整治技术工程

1）调水

在河道水量低于水生植物生长所需水深或上游污水处理站出现事故等紧急情况下，可考虑从沈抚灌渠引水作为白塔堡河生态补水。经统计，2017 年累计补水量 800 万 t。

2）应急治理措施

针对重点河段出现严重的黑臭现象以及突发污染状况，可采用化学方法进行控制。常用且快速有效的药剂主要为絮凝剂和杀藻剂。

根据项目现场情况对异味治理的需求，采用植物液雾化除异味处理方案。重点异味污染源区域有污水泵站排放口、污水处理站排水口以及河道死水区，该区域内除异味处理的方式为人工流动喷雾处理。

对污水、污染水体乃至较清洁水域的水环境治理，施用各种药剂和菌剂是必不可少的手段。无论是除臭、净水、除藻还是对底质的处理，均将药剂法作为关键技术加以利用，而药剂技术应用的关键是既要保证处理效果，还要考虑经济性和环境的安全性。

设置皮划艇一台，艇上配置移动投药装置一台，河道来水量过大时通过移动式投药装置投药，以补充固定装置瞬时投药量不足的状况。

5.3　浑南总干（和平区）黑臭水体综合整治

5.3.1　流域概况

1. 水系概况

浑南总干位于浑河中游左侧，是沈阳市主要河流之一。浑南总干和平段全长7.33km，现状河槽宽18～160m，设计灌溉流量为28m³/s，平均流速1m/s，水深1.2～2.5m。浑南灌区担负下游苏家屯区的临湖街道、八一红菱街道、十里街道、林盛街道、沙河街道5个街道水田灌溉任务。

对浑南总干和平段7.33km沿岸的现场踏勘调查发现，河道现状河槽内水藻疯长，水质较差，岸坡与主槽内均存在不同程度的垃圾倾倒、堆放现象，沿岸居民区厕所沿河而建，污水直接排入河道内，严重污染水体，造成黑臭，多年沉积的淤泥及污染物既造成河床壅高又存在一定的环境污染。经过实地勘察，此水域存在以下问题：

（1）生活直排污水现象严重。

（2）水体淤积严重、垃圾堆积问题突出。

（3）生态系统不完善。

根据现状及存在问题，按照"控源截污、内源治理、活水循环、清水补给、水质净化、生态修复"的基本技术路线，本着"远近结合、正本清源"的原则，以"城市修补、生态修复"为首要任务，结合区域实际需求与远期发展，避免大量征拆，降低对周边群众影响，有针对性地制定整治方案，打造水体周边生态系统，提升区域营商环境，构建市民亲水休闲娱乐场地。

2. 地理位置

和平区位于沈阳市的中心，从北至西、至南、至东分别与皇姑区、铁西区、于洪区、苏家屯区、浑南区、沈河区相邻。地理坐标为北纬 41°41′13″～41°48′54″、东经 123°18′44″～123°26′09″之间，面积 61.1km²。和平区辖浑河湾街道、新华街道、马路湾街道、沈水湾街道、浑河站西街道、南湖街道、长白街道、太原街街道、北市场街道、南市场街道等 10 个街道。

3. 气候气象

浑南总干地处中纬度地区，属温带大陆性季风气候，四季分明，气候宜人。其特点是：雨热同步，干冷同期，温度适宜，光照充足。春季，少雨多风，日照时间长；夏季炎热多雨，盛行东南风；秋季凉爽，雨量适中，南北风交替；冬季寒冷，降水偏少，多北风。本次以沈阳市气象站作为代表站，根据其资料统计，各种气象要素情况如下。

降水：多年平均降水在 650～800mm，上游大于下游，南侧大于北侧。丰、枯水年降水量相差 3 倍以上。降水主要集中在 6～9 月，占全年降水量的 70%～80%。

蒸发：多年平均水面蒸发在 1100～1600mm，上游小于下游，南侧小于北侧。年内蒸发量最大发生在 5 月，最小在 1 月。

相对湿度：多年平均相对湿度为 60%～70%，由下游向上游递增，全年以夏季 7、8 月最高，为 80.5%左右；春季最低，为 55%左右。

日照时数：全年日照时数在 2280～2670h，平原高于山区。全年 6 月日照时数最长，1 月日照时数最短。

温度：多年平均气温在 5～9℃，自下游向上游递减，但相差不多。全年气温 1 月最低，7 月最高。

最大积雪深度与最大冻土深度：最大积雪深度多在 20～36cm，最大冻土深度在 140～170cm。

风速风向：多年平均风速在 1.5～3.8m/s，平原大于山区，最大风速多发生在 4、5 月间，可达 20m/s 以上。

4. 地质水文

1）地质

工程区地处浑河冲积平原，地形较平坦，地貌单一，地层较稳定，无不良地质现象。河谷狭窄，由沙砾和黏性土组成，分别堆积于河床及坡地之上。基本地层自上到下依次为：腐殖土、杂填土等。分述如下。

（1）腐殖土：黄褐色，主要由黏性土组成，含植物根系，局部为杂填土，稍湿，结构松散，土质密实度不均匀，未完成自重固结。各钻孔均遇见该层，层厚0.20～0.90m。

（2）杂填土：主要由砖头、碎石、黏性土等组成，松散。该层沿河堤两侧不连续分布在村镇附近。

（3）低液限黏土：黄褐色，稍湿，可塑状态，含有红褐色氧化铁斑及黑色铁锰质结核，略有光泽，韧性中等，干强度中等，无摇振反应，各钻孔均遇见该层，局部呈黏土状。层厚1.6～4.3m。

（4）级配不良砾：黄褐色，粒径大于2cm约占25%，含极少量黏粒。

2）水文

浑南总干位于浑河中游左侧，是沈阳市主要河流之一。浑南总干和平段全长7.33km，现状河槽宽18～160m，设计灌溉流量为28m³/s，平均流速1m/s，水深1.2～2.5m。浑南灌区担负下游苏家屯区的临湖街道、八一红菱街道、十里街道、林盛街道、沙河街道五个街道水田灌溉任务。

5.3.2 整治前水质情况

浑南总干河水呈现黑色，透明度较低，底泥呈现黑色，松散状，散发着臭味。沿途接纳了大量的工业废水、生活污水和养殖业污水，同时大量的生活垃圾、粪便排入河流，已严重影响河两岸居民的正常生活，见图5-38。

图5-38　浑南总干和平段现状

5.3.3　黑臭程度分级

浑南总干水体感官较差，臭味散发严重。水中悬浮物偏高，水体发黑发臭，影响感官环境。根据城市黑臭水体污染程度分级标准，本段属轻度黑臭。

5.3.4　污染源及环境条件调查

1. 污染源调查

城市水体黑臭的主要因素是水体受到污染，特别是有机污染物的污染，纳污负荷过高，造成城市水体环境恶化，最终导致水体黑臭。水体污染源按污染物的排放特征，可分为点源（居民及工矿企业等污水排放口）、面源（大气干湿沉降、农田退水、城市地表径流等）和内源（河流底泥污染物的释放）等。由于城市水系的连续性，城市水体的水质还受到上游水体外围污染的影响。河道污染源调查不仅可以具体了解城市水体污染的现状，而且可以为水资源的调度、水功能区划、水环境治理提供主要资料。只有对污染源的梳理、分布及污染物类型等进行全面调查，为黑臭水体的整治提供基础资料，才能"对症下药"，有的放矢地提出整治实施方案。本节从点源污染、内源污染及外围污染三大方面调查污染源，并同步对区域管网、排水体制、用地情况等相关情况进行调查分析。

1）点源调查

本工程沿线共有违法排污口 30 处、沿岸厕所 5 座污染水体。

2）内源调查

浑南西路等跨河桥梁桥底淤积严重，沿岸存在垃圾，且水面漂浮物有落叶、塑料袋、其他生活垃圾等。

3）其他污染源调查

由于城区的污水收集管网因为历史原因存在很多死角，河道沿岸生活污水的排放污染仍然严重危害了水体。

2. 环境条件调查

1）周边环境特征

据调查，周边用地类型有居住用地、公共管理与公共服务用地、商业用地、工业用地、道路交通设施用地、公用设施用地及绿地与广场用地。河道周边路网建设发达，城市主干、次干道及支路纵横，随着旅游、休闲健身成为人们重要的生活方式，慢行系统日渐增多。

2）水体污染与影响

浑南总干沿途接纳了大量的工业废水、生活污水和养殖业污水，同时大量的生活垃圾、粪便排入河流，已严重影响河两岸居民的正常生活。

3）水体岸线硬化状况

浑南总干和平段基本无硬化护岸。局部浆砌石护岸年久失修，外观效果不佳，河道两岸杂草丛生，岸线也较为杂乱。

5.3.5　问题分析

经过实地勘察，此工程水域存在以下问题。

1. 生活直排污水现象严重

现状水体多数存在生活直排污水入浑南总干和平段，给水体带来较高的污染负荷。此外，周边耕地等面源污染伴随地表径流等汇入河道也严重增加了水体污染负荷。同时由于多年污染物累积，项目段河道底泥富集大量营养元素，将源源不断释放进入水体，加剧水体黑臭现象。

2. 水体淤积严重、垃圾堆积问题突出

浑南总干和平段作为城市内河，由于其外源污染难以避免，因此需要科学的养护管理，包括对水系各类指标的监控，对水生植物的收割、水生动物的调控、微生物系统的优化，对外来污染的强化净化，对突发性状况的应急处置等，以保持其水生态系统的健康、平衡，进而实现其全年水质达标、水景优美。

3. 生态系统不完善

拟治理段各类水生生物品种基本绝迹，没有形成完整的群落，生态系统基本全面崩溃，水体浑浊，流动性差，透明度不高，水体自净能力差，无法消纳入河污染物。

5.3.6　综合整治内容

1. 整治技术选择原则

本工程是以河道为主线的水系治理工程，以净水和防洪安全为主，通过底泥

处理和生态修复等措施，在河道水质达到相关要求和满足行洪的前提下，对河道进行生态建设。结合河道行洪、景观等功能，注重水边际线景观的丰富性。按照保护对象的规模、重要性和防护要求，整治后河道水质和行洪能力满足相应规范要求。

2. 整治技术选择与工程实施方案

本项目主要对浑南总干和平段水域实施综合治理改造，改造总长 7.33km，主要建设内容为控源截污（封堵违法排污口、拆除沿岸厕所）、内源治理（清淤、垃圾及漂浮物清理、投放微生物制剂）、生态修复（栽植芦苇、蒲草、水葱、苦草、轮叶黑藻、伊乐藻、龙须眼子菜）和人工曝气设备安装。

3. 控源截污工程

从源头控制污水向浑南总干河道内排放为最直接有效的工程措施，也是采取其他技术措施的前提。本工程沿线共有违法排污口 30 处，采用水泥混凝土和快速凝固剂，按比例搅拌进行封堵，封堵的同时，保障污水连接附近污水管网。同时拆除沿岸厕所 5 座。

4. 内源治理

通过对浑南总干和平段沿岸的现场踏勘调查，并根据调查结果对现场情况认真分析研究，得出如下处理方案。

1）河道疏浚

现状浑南西路等跨河桥梁桥底淤积严重，严重降低了渠道正常的过流能力。为改善水流环境，加快过水流速，减少死水区，鉴于渠道较窄，工程施工前先填筑袋装土围堰，采用人工挖运淤泥并运至岸边集中堆放晾晒，再运至弃渣场回填，平均运距 30km。

2）清运垃圾漂浮物

城市水体沿岸垃圾是污染控制的重要环节，其中垃圾临时堆放点的清理属于一次性工程措施，应一次性清理到位；挺水植物、沿岸植物带和落叶等属于季节性的水体污染源，需在干枯腐烂前及时清理；水面漂浮物主要包括落叶、塑料袋、其他生活垃圾等，需要长期清理打捞来维护。

工程主要是浑南总干主槽与岸坡堆积垃圾的清运，利用人工行船对河道内的垃圾进行打捞，并利用小型挖机对河道内垃圾进行清理。组织小型挖机、推土机对垃圾进行清运，组织人工利用手推车或挑运工具对沿岸不能抵达区域的垃圾进行清理，将打捞出的垃圾在岸边集中堆放，再利用大型垃圾车运至指定地点。

3）原位微生物治理

浑南总干和平段淤泥平均厚约 0.5m，目前主要污染源为上夹河污水处理厂未达标中水和沿线散排污水，渠底淤泥不是造成浑南总干和平段水体黑臭的主要原因。鉴于河底淤泥脱水/干化措施不能完全解决该河段水体黑臭，同时该措施工期慢且造价高，因此推荐原位微生物治理方案。

根据上级部门技术指导要求，采用投放微生物制剂的方式对河道水体和底泥分别进行处理。该治理方式已被市有关部门认可。考虑水质及底泥的检测结果，结合环保及上级相关单位污泥及水体整治成功经验，选择药剂并按其使用说明进行投撒。

本技术分别对浑南总干和平段沿线（除上游滩地段外）水体和底泥投放生物制剂（药剂禁含外来菌种），并对浑南总干上游夹河污水处理厂排水口上游 50m 至下游 50m 段加倍投放微生物制剂。

浑南总干和平段黑臭水体治理工程微生物活化成品制剂分 4 次投加。使用的微生物菌剂原液为 Bacta-Pur XLG，浓度为 $1×10^{10}$CFU（菌落形成单位）。

（1）要求提供微生物药剂检验合格证明，药剂各项规格指标符合产品标准。

（2）微生物药剂储存及运输必须在阴凉、通风、避光的条件下，以免失效。

（3）微生物菌剂在激活使用前避免与强酸、强碱、易挥发性化学品及杀菌剂接触。

（4）严格按照微生物药剂的用量及用法施工。

5. 生态修复

生态修复即水生植物种植，大多为挺水植物和沉水植物。在不影响河道行洪及河槽稳定的前提下，依据地形、地貌、土壤及水生植物生长习性，在河道两侧布置水生植物带。

本工程在浑南总干和平段上游主城区段布设挺水植物，水生植物适宜栽植水深不超过 0.3m，栽植宽度 1m，栽植密度 0.25m×0.25m，水生植物株高不小于 30cm，种植范围可根据现场实际情况进行调整。

根据工程建设任务，并结合净化水质的特定功能，沉水植物应选择净水能力强，景观效果好，能够有效控制、不会恣意泛滥生长的种类。建议选择苦草、轮叶黑藻、伊乐藻、龙须眼子菜等。在浑南总干和平段上游主城区段布设沉水植物，全长 3.67km，分段种植，适宜水深为 0.1～0.5m，种植密度为 260 株/m^2，种植范围可根据现场实际情况进行调整。

6. 人工增氧

人工增氧作为阶段性措施，主要适用于整治后城市水体的水质保持，具有水体复氧功能，可有效提升局部水体的溶解氧水平，并加大区域内水体流动性。

根据项目现场实际情况，借鉴国内外水体及环境修复的经验，并结合生物技术在黑臭河道治理中多年应用的经验，拟采用推流式太阳能曝气机。在改进老式叶轮及水车式增氧曝气技术的同时，增强投放的生物制剂对河道底层污染物的净化效果。

推流式太阳能曝气机的原理是曝气机叶轮依靠高性能电动机直接带动高速旋转，使吸气室产生真空低压区空气，在大气压力的作用下，经过吸气管吸入的压缩空气与水充分混合，最后通过叶轮强力向水平方向喷射入水中，推动水流及混合搅拌，达到曝气充氧的目的（叶轮高速旋转产生强大的轴向推动力和径向搅拌力，将吸入的空气搅碎成很小的气泡，并将水气混合推射入水中）。将大量的空气直接注入到水体中以及产生推动水流连续循环，同时强劲的推动力可将氧气送至水中30m以上，由于空气（空气中含有21%氧气）与水经过高密度混合成众多细小雾状气泡而使水体完全溶氧，循环的水流可使水体的氧气分布均匀，水质迅速改善。图5-39为推流式太阳能曝气机。

图5-39　推流式太阳能曝气机

推流式太阳能曝气机选型要求：

1）一般要求

（1）用抗腐蚀材料制成，必须是符合国标，具有资质证、合格证的产品。

（2）电机与曝气叶轮轴同心，设备运转平稳，无噪声和震动现象。

（3）运转性能良好，运行噪声符合环保要求，所有外露部件均为SUS304不锈钢或抗氧化、抗紫外线照射的工程塑料。

（4）能够及时提供所有备品备件、易损件，有良好售后服务保障。

（5）满足漂浮式安装条件要求。

（6）所有外露螺丝为 SUS304 不锈钢，应能保证每小时启动 20 次而不会损坏。

（7）设备电机转速可根据水循环需求进行调节。

（8）设备运转不得扰动底泥而导致水体浑浊及污染物二次释放。

2）性能要求

（1）功率：550W/36V。

（2）单台增氧能力：0.41～0.53kW。

（3）循环通量≥780m³/h。

推流式太阳能曝气调试及运行如下：

所有曝气设备安装完毕后，对设备及线路进行试运转前检查。试运转期间，对有偏离的底层曝气盘进行调整，以达最佳效果。

在确定没有问题及隐患后，会同业主、监理，在专业人员的配合下，按规范要求进行试运转，检查运转情况和安装中存在的问题并及时纠正。

5.4 辉山明渠黑臭水体综合整治

5.4.1 流域概况

1. 水系概况

辉山明渠北起辉山水库泄洪闸，途经东望街、北二环、沈吉铁路、东陵路、新开河，南至浑河，由北至南贯穿大东和沈河两个行政区，总体地势为北高南低。辉山明渠从辉山水库泄洪闸至东望东街为明渠，东望东街至浑河大部分为明渠，过东陵路为小段暗管，辉山明渠总长 11km，明渠河道总长 8.58km，见图 5-40。

辉山明渠沿线共有 1 座排水泵站、2 座污水处理厂，分别是八家子泵站（污水提升能力为 1.251m³/s）、辉山明渠污水处理厂（3 万 t/d）、辉山明渠湿地污水处理厂（3 万 t/d）。

辉山明渠起点荒草丛生，全线两侧无截流管线，沿线村屯、工业企业、棚户区等污水直接排入明渠，东陵路周边的市政污水通过八家子泵站提升后直接排入明渠，沿线村屯旱厕粪便、生活垃圾等或直接排入明渠，或通过雨天时形成的地表径流汇入明渠，垃圾堆满河道岸坡，跨河建筑破损严重，明渠与新开河通过倒虹实现交叉，倒虹上、下游淤堵严重，造成辉山明渠水质污染、周边环境恶化，现场图见图 5-41～图 5-46。

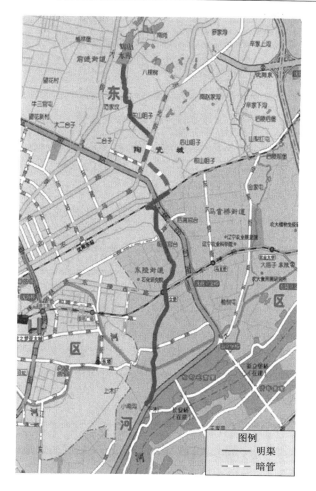

图 5-40　辉山明渠分段位置图（彩图附书后）

图 5-41　辉山明渠起点荒草丛生

图 5-42　垃圾堆满河道岸坡

图 5-43　建筑挤占河道

图 5-44　跨河建筑破损严重

图 5-45　河道内淤积大量垃圾、水质差

图 5-46　明渠与新开河通过倒虹实现交叉,倒虹上、下游淤堵严重

　　辉山明渠河道范围为辉山水库泄洪闸至宝马厂区暗管进口,宝马厂区暗管出口至浑河,治理长度为 8.58km。从河道平面形态看,河道蜿蜒曲折,部分河道断面条件较好,局部断面狭窄,由于河道长期未进行治理,荒草丛生、河道淤积、周围生产及生活垃圾向河道内倾倒严重、临时建筑物挤占河道破坏原有堤防、污水直排河道、水质差、气味刺鼻、宝马厂区段河道被暗涵取代失去河道自然属性等。辉山明渠目前存在的主要问题是:

　　(1)河道断面狭窄,建筑物挤占河道。

　　(2)生产、生活垃圾及污水倾入河道。

　　(3)非汛期水量少、水质差。

　　(4)跨河建筑物标准低、景观性差且阻水。

　　(5)河道淤积严重,景观效果差。

　　(6)现状河道景观无法满足两侧开发大量楼盘要求。

　　辉山明渠是一条承泄城市雨污排水的河道,流经大东区和沈河区,由于多年未治理,河道丧失了天然河流的基本功能,河道时常散发出难闻气味,给当地居民的日常生活带来极大不便。同时,随着沈阳市大东区汽车产业城和沈河东部科

技新城经济区向东部建设的不断深入，众多知名大型企业的落地入驻和一些发展迅速的企业扩大再生产，厂区用地均沿河布局规划，因此，水利工程建设与河道沿岸经济社会发展的短板现象日益凸显。

2. 地质水文

在区域地震危险性分析上，根据《中国地震动参数区划图》（GB 18306—2015）及《建筑抗震设计规范》（GB 50011—2010）（2016 版），辉山明渠污水处理厂区域抗震设防烈度为 7 度，设计基本地震加速度为 0.10g，设计特征周期为 0.35s，地震设计分组为第一组。经计算该场地的平均等效剪切波速为 $250m/s < V_{se} \leqslant 500m/s$，覆盖层厚度大于 5m，建筑场地类别为 II 类。辉山明渠污水处理厂区域属于建筑抗震一般地段。

地层描述如下：

杂填土①：松散，主要由黏性土、砂土、砖头、碎石、生活垃圾、建筑垃圾、炉渣等组成。该层在场区普遍分布，厚度不均匀。层底埋深 0.7～7.1m；厚度范围 0.7～7.1m。

素填土①1：松散，主要由砂土、黏性土等组成。该层在场区分布不连续，厚度不均匀。层底埋深 0.8～8.8m；厚度范围 0.7～4.4m。

粉质黏土②：黄褐色，硬可塑状态，湿，稍有光泽，无摇振反应，干强度中等，韧性中等，含铁锰质结核和少量云母，局部地段含黏土夹层。该层在辉山明渠污水处理厂区域不连续，厚度不均匀。可见层底埋深 1.9～5.7m，可见厚度范围 0.3～3.6m。

粉质黏土②1：灰、灰黑色，软塑状态，湿，稍有光泽，无摇振反应，干强度中等，韧性中等，有高压缩性，局部地段含有机质土、黏土夹层。该层在辉山明渠污水处理厂区域不连续，厚度不均匀。可见层底埋深 2.0～7.3m，可见厚度范围 0.1～3.1m。

粉质黏土②2：黄褐、灰色，硬可塑状态，湿，稍有光泽，无摇振反应，干强度中等，韧性中等，含铁锰质结核。该层在场区不连续，厚度不均匀。可见层底埋深 5.1～15.0m，可见厚度范围 1.0～8.3m。

粉质黏土②2-1：灰色，软塑状态，湿，稍有光泽，无摇振反应，干强度中等，韧性中等，局部地段含有机质土夹层。该层在场区不连续，厚度不均匀。可见层底埋深 6.3～7.2m，可见厚度范围 1.1～5.0m。

粉质黏土②3：灰色，硬可塑状态，湿，稍有光泽，无摇振反应，干强度中等，韧性中等，局部地段含有机质土夹层。该层在辉山明渠污水处理厂区域不连续，厚度不均匀。可见层底埋深 8.0～12.9m，可见厚度范围 1.3～5.7m。

中砂③：黄褐色，稍密状态，稍湿，颗粒均匀。矿物成分以石英、长石为主。该层在场区分布不连续，厚度不均匀。可见层底埋深 2.3～15.0m，可见厚度范围 0.2～3.5m。

粗砂④：黄褐色，稍密状态，湿～饱和，颗粒较均匀。矿物成分以石英、长石为主，局部地段夹薄层黏性土。该层在场区分布不连续，可见层底埋深 3.3～8.8m，可见厚度范围 0.4～3.9m。

砾砂⑤：黄褐色，中密状态，湿～饱和。颗粒不均匀，矿物成分以石英、长石为主，局部地段夹薄层粉土。该层在辉山明渠污水处理厂区域分布不连续，可见层底埋深为 3.5～10.2m，可见厚度范围 0.5～5.8m。

圆砾⑥：松散状态，颗粒不均匀，磨圆度较好，呈亚圆形，分选性一般。母岩以火成岩为主，颗粒间由中、粗砂充填。一般粒径为 2mm，可见最大粒径 20cm。该层在场区分布不连续，可见层底埋深 5.0～10.0m，可见厚度范围 0.8～4.1m。

圆砾⑥1：中密状态，颗粒不均匀，磨圆度较好，呈亚圆形，分选性一般。母岩以火成岩为主，颗粒间由中、粗砂充填。一般粒径 2mm，可见最大粒径 20cm。该层在辉山明渠污水处理厂区域分布不连续，可见层底埋深 4.3～10.0m，可见厚度范围 0.9～5.0m。

圆砾⑦：中密状态，颗粒不均匀，磨圆度较好，呈亚圆形，分选性一般。母岩以火成岩为主，颗粒间由中、粗砂充填，局部地段夹薄层黏性土。一般粒径 2mm，可见最大粒径 20cm。该层本次勘察部分钻孔未穿透，最大揭露厚度 10.3m，最大揭露深度 15.0m。

砾砂⑦1：黄褐色，中密状态，饱和。颗粒不均匀，矿物成分以石英、长石为主。该层在场区分布不连续，可见层底埋深 9.4～12.5m，可见厚度范围 0.4～3.9m。

根据地勘报告，在钻孔内见地下水，北部场地地下水类型为黏性土中的上层滞水，初见水位 2.5～2.9m，标高 56.49～57.12m；上层滞水稳定水位埋深介于 2.6～3.0m，标高 56.51～57.25m，受季节影响水位变幅较大。南部场地地下水类型为碎石土及砂类土中的潜水，初见水位 3.9～7.8m，标高 40.75～46.34m；潜水稳定水位埋深介于 4.0～7.6m，标高 40.82～46.01m。沈阳地区地下水年水位变幅 1.0～2.0m，地下水的补给方式为地表水（辉山明渠）侧渗、大气降水、地下水径流；排泄方式主要为地下水径流、人工抽水。本工程为管线工程，设计抗浮水位可按各工段稳定水位上浮 2.0m 考虑。管线施工时，可采用管井结合集水井进行降水。

根据水质分析结果，判定该地下水对混凝土结构有弱腐蚀性，对钢筋混凝土结构中的钢筋具有微腐蚀性；判定该辉山明渠河水对混凝土结构有弱腐蚀性，对钢筋混凝土结构中的钢筋具有微腐蚀性；判定环境土对混凝土结构、钢筋混凝土结构中的钢筋有微腐蚀性。

5.4.2　整治前水质情况

辉山明渠黑臭水体整治方案的水质检测范围为辉山明渠水库泄洪闸至宝马厂

区暗管进口，宝马厂区暗管出口至浑河，河道全长共计 8.58km。

　　为进一步明确辉山明渠水质现状，在现场调查过程中，在重点河段和点位进行了取样检测。由于本次调查仅为一次采样，数据存在一定的随机性，建议第三方检测单位补充采样说明。检测结果见表 5-10。

表 5-10　辉山明渠现场采样检测数据

| 序号 | 水质指标 | | | | | | | 河流位置 |
	COD$_{Cr}$（mg/L）	氨氮（mg/L）	总磷（mg/L）	pH（mg/L）	高锰酸盐指数	SS（mg/L）	BOD$_5$（mg/L）	
1	55	1.10	0.07	7.56	9.8	54	8.75	范家坟
2	46	0.87	0.62	7.62	8.7	36	7.68	金地段
3	52	1.01	0.14	7.67	8.9	45	6.74	金杯段
4	63	1.64	1.18	7.68	9.5	47	6.58	二环北段
5	46	0.95	0.08	7.87	10.2	58	7.52	高官台
6	48	0.72	0.14	7.95	9.8	62	8.78	污水处理厂
7	45	0.64	2.56	7.85	8.7	48	5.84	东贸路桥
8	62	0.92	0.08	7.52	7.8	63	6.12	东新路
9	35	1.17	2.45	7.64	8.0	52	6.58	新新路
10	48	1.66	0.09	7.81	7.4	45	5.74	东陵路北
11	57	0.08	0.14	7.46	9.4	37	6.28	保利香槟国际
12	54	1.13	0.10	7.53	11.2	56	6.56	大东沈河交界
13	58	15.8	1.05	7.12	8.5	46	5.46	辉山明渠出口

5.4.3　黑臭程度分级

　　引用《沈阳市运河水系综合治理工程（清淤工程）环境影响报告书》中的内容，根据沈阳市水系综合治理及黑臭水体治理清单确定 5 条运河黑臭级别，见表 5-11。

表 5-11　5 条运河的黑臭级别

编号	所在区域	水系名称	水体特征	水系长度	黑臭级别
1	沈阳区、大东区、皇姑区、于洪区	新开河	河流	东起东陵进水闸，西至蒲河，三环内全长 30km	重度
2	大东区、沈河区、和平区	南运河	河流	东起东塔进水闸，西至龙王庙闸门，全长 14.5km	轻度
3	铁西区	卫工明渠	河流	北起向工街、昆山西路进水闸，南至揽军路，全长 7.7km	重度
4	大东区、沈河区	辉山明渠	河流	北起辉山水库，南至浑河，全长 11km	重度
5	沈河区、大东区、浑南区	满堂河	河流	满堂河全长 17km，流经浑南、大东、沈河三个行政区	重度

可见，辉山明渠水体属于重度黑臭。

5.4.4　污染源调查

1. 点源调查

辉山明渠沿线共存在污水直排口 8 处，分别为辽宁省劳动经济学校排污口、榆林苑生活污水排污口、范家坟村生活污水排污口、观泉路东望东街污水排污口、八家子泵站污水出水口、保利海上五月花小区污水排污口、保利海棠小区排污口、棚户区居民污水排污口。各污染源位置见图 5-47。

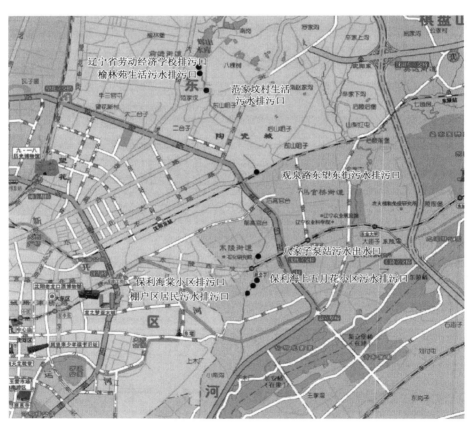

图 5-47　点源污染位置分布图

（1）辽宁省劳动经济学校排污口：辽宁省劳动经济学校位于大东区榆林大街 53 号，占地面积 80000m²，学校人数约 1500 人，所产生的生活污水通过 $D = 0.3m$ 污水管道直接排入辉山明渠。辽宁省劳动经济学校位置示意图见图 5-48。

图 5-48　辽宁省劳动经济学校位置示意图

（2）榆林苑生活污水排污口：榆林苑小区位于大东区榆林大街 43 号，占地面积 20000m²，小区现状人口约为 4000 人，所产生的生活污水通过 $D = 0.3$m 污水管道直接排入辉山明渠。榆林苑小区位置示意图见图 5-49。

图 5-49　榆林苑小区位置示意图

（3）范家坟村生活污水排污口：范家坟村位于大东区前进街道，是一个自然村，现有人口约 300 人。村屯大部分污水无组织排放，个别污水通过 $D = 0.3$m 污水管道直接排入辉山明渠。范家坟村位置示意图见图 5-50。

（4）观泉路东望东街污水排污口：该排污口位于大东区观泉路东望东街南侧，辉山明渠暗管出水口西侧，为东望东街北侧小区污水排污口，现状管道管径为 $D = 0.3$m。观泉路东望东街污水排污口位置示意图见图 5-51。

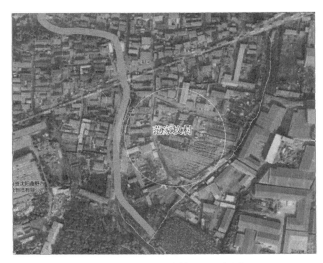

图 5-50　范家坟村位置示意图

图 5-51　观泉路东望东街污水排污口位置示意图

（5）八家子泵站污水出水口：八家子泵站位于沈河区东陵路 36 号、东陵西路与辉山明渠交叉口东北角，建于 1999 年，主要担负高官台地区及沈抚立交桥附近污、雨水提升任务，汇水面积 9.8km²，属于分流制泵站。污水 350WQ1500-9-45 泵 3 台，单台污水水泵流量 $Q = 0.417\text{m}^3/\text{s}$、扬程 $H = 9.0\text{m}$，污水泵站抽升能力为 1.251m³/s，目前八家子泵站污水出水管直接排入辉山明渠。八家子泵站位置示意图见图 5-52，八家子泵站出水管现场图见图 5-53。

图 5-52　八家子泵站位置示意图

图 5-53　八家子泵站出水管现场图

（6）保利海上五月花小区污水排污口：保利海上五月花小区位于沈河区东陵西路 29 号，占地面积 360000m²，小区现状人口约为 3500 人，所产生的生活污水通过污水管道直接排入辉山明渠。排污口位于新泰桥以西 10m、辉山明渠南岸。保利海上五月花小区污水排污口位置示意图见图 5-54。

（7）保利海棠小区排污口：保利海棠小区位于沈河区东陵路 9 巷 9 号，占地面积 60000m²，小区现状人口约为 6000 人，所产生的生活污水通过污水管道直接排入辉山明渠。排污口位于新泰桥以西 70m、辉山明渠北岸。保利海棠小区排污口位置示意图见图 5-55。

（8）棚户区居民污水排污口：该排污口位于新泰桥以西 300m、辉山明渠西岸，为辉山明渠新立堡东街至东新路段沿线棚户区所排生活污水。棚户区居民污水排污口位置示意图见图 5-56。

图 5-54　保利海上五月花小区污水排污口位置示意图

图 5-55　保利海棠小区排污口位置示意图

图 5-56　棚户区居民污水排污口位置示意图

辉山明渠沿线各排污口污水流量具体详见表 5-12。

表 5-12　辉山明渠沿线排污口流量表（m³/d）

序号	名称	污水流量
1	辽宁省劳动经济学校排污口	200
2	榆林苑生活污水排污口	700
3	范家坟村生活污水排污口	50
4	观泉路东望东街污水排污口	500
5	八家子泵站污水出水口	20000
6	保利海上五月花小区污水排污口	650
7	保利海棠小区排污口	1250
8	棚户区居民污水排污口	400
总计		23750

辉山明渠沿线的 8 个排污口污水主要是城镇生活污水，除八家子泵站污水出水口流量较大外，其余排污口具有流量较小、水质和水量波动较大、冲击负荷大的特点。生活污水综合进水水质见表 5-13。

表 5-13　生活污水综合进水水质（mg/L）

项目	进水水质
COD_{cr}	≤300
BOD_5	≤150
SS	≤120
NH_4^+-N	≤30
TP	≤3

2. 面源调查

辉山明渠沿线榆林村、范家坟村、新立堡街以南棚户区等村屯内无配套污水管道，生活污水无组织排放；村屯内部、河道周边地区倾倒垃圾；农民利用河岸滩地种植作物，侵占河道行洪空间且直接导致化肥和农药进入水体形成污染；村内有畜禽养殖废水汇入明渠。这些污染物质在雨季时随地表径流汇入辉山明渠内，形成面源污染。辉山明渠垃圾污染现场照片见图 5-57，辉山明渠河岸种植作物现场照片见图 5-58。

3. 内源调查

辉山明渠河道曲折蜿蜒，每到汛期行洪时水土流失严重。同时由于附近村屯垃圾倾倒、多年生活污水排放和常年自然沉积，河道底部聚积了大量淤泥，增加了河道的内部污染源，并缩窄河道断面，天气炎热时散发出难闻的刺鼻气味。

图 5-57　辉山明渠垃圾污染现场照片

图 5-58　辉山明渠河岸种植作物现场照片

　　河道内污染物沉积形成一定厚度的淤泥，河道内堆积垃圾、植物残体，局部河道中有建筑垃圾和石块。

　　辉山明渠底泥检测项目及分析方法见表 5-14，辉山明渠（大东区）底泥检测结果见表 5-15，辉山明渠（沈河区）底泥检测结果见表 5-16。

表 5-14　辉山明渠底泥检测项目及分析方法（mg/kg*）

类别	检测项目	分析方法	仪器设备名称、型号	检出限
土壤	铜	《土壤质量　铜、锌的测定　火焰原子吸收分光光度法》（GB/T 17138—1997）	原子吸收光度计 TAS-990superAFG	1
土壤	锌	《土壤质量　铜、锌的测定　火焰原子吸收分光光度法》（GB/T 17138—1997）	原子吸收光度计 TAS-990superAFG	0.5
土壤	铅	《土壤质量　铅、镉的测定　石墨炉原子吸收分光光度法》（GB/T 17141—1997）	原子吸收光度计 TAS-990superAFG	0.1
土壤	镉	《土壤质量　铅、镉的测定　石墨炉原子吸收分光光度法》（GB/T 17141—1997）	原子吸收光度计 TAS-990superAFG	0.01
土壤	铬	《土壤　总铬的测定　火焰原子吸收分光光度法》（HJ 491—2019）	原子吸收光度计 TAS-990superAFG	5
土壤	镍	《土壤质量　镍的测定　火焰原子吸收分光光度法》（GB/T 17139—1997）	原子吸收光度计 TAS-990superAFG	5
土壤	汞	《土壤和沉积物　汞、砷、硒、铋、锑的测定　微波消解/原子荧光法》（HJ 680—2013）	原子荧光光度计 AFS-930	0.002
土壤	砷	《土壤和沉积物　汞、砷、硒、铋、锑的测定　微波消解/原子荧光法》（HJ 680—2013）	原子荧光光度计 AFS-930	0.01
土壤	pH	《土壤和废弃物 pH 测定　电极法》（US EPA 9045D—2004）	pH 计	—
土壤	总氰化物	《土壤　氰化物和总氰化物的测定　分光光度法》（HJ 745—2015）	分光光度计	0.5
土壤	有机质	《土壤检测　第 6 部分：土壤有机质的测定》（NY/T 1121.6—2006）	滴定管	1.0g/kg
土壤	全氮	《森林土壤氮的测定》（LY/T 1228—2015）	紫外可见分光光度计	10
土壤	全磷	《森林土壤磷的测定》（LY/T 1232—2015）	紫外可见分光光度计	10
土壤	矿物油	《城市污水处理厂污泥检验方法》（CJ/T 221—2005）	红外分光光度计	5
土壤	总石油烃 $C_6 \sim C_9$	《挥发性有机物的测定　气相色谱-质谱法》（US EPA 8260C—2006）	气相色谱-质谱	0.5
土壤	总石油烃 $C_{10} \sim C_{14}$	《非卤代有机物气相色谱法》（US EPA 8015C—2007）	气相色谱	10
土壤	总石油烃 $C_{15} \sim C_{28}$	《非卤代有机物气相色谱法》（US EPA 8015C—2007）	气相色谱	20
土壤	总石油烃 $C_{29} \sim C_{36}$	《非卤代有机物气相色谱法》（US EPA 8015C—2007）	气相色谱	20
土壤	有机氯农药	《评估固体废弃物测试方法》（US EPA 8270D—2007）	气相色谱	0.1

*该单位不适用于 pH 和有机质

表 5-15　辉山明渠（大东区）底泥检测结果（mg/kg*）

检测项目	检测结果						
	1#	2#	3#	4#	5#	6#	7#
铜	70.7	71.0	118	89.8	96.2	91.8	47.6
锌	282	301	2370	1600	589	2990	266
铅	39.4	67.0	85.9	70.5	108	257	47.5
镉	0.45	0.62	0.87	0.48	1.00	1.01	0.26
铬	51.0	84.0	119	111	89.1	84.4	67.2
镍	25.4	40.2	466	373	35.0	128	65.9
汞	1.07	1.36	1.61	1.10	0.194	0.673	0.298
砷	4.9	7.8	9.8	9.5	11.0	7.0	6.1
pH（无量纲）	7.2	7.5	7.4	7.5	7.8	7.6	7.9
总氰化物	<0.5	<0.5	<0.5	<0.5	<0.5	<0.5	<0.5
有机质（g/kg）	205	64.5	85.2	62.7	66.0	278	43.9
全氮	7300	3460	3460	2550	2080	6000	1630
全磷	2180	1620	5170	3870	2480	3280	1180
矿物油	2490	173	116	287	684	194	708
总石油烃 $C_6 \sim C_9$	16.6	<0.5	<0.5	<0.5	1.0	<0.5	<0.5
总石油烃 $C_{10} \sim C_{14}$	112	16	24	<10	50	43	13
总石油烃 $C_{15} \sim C_{28}$	4880	698	889	275	1370	579	362
总石油烃 $C_{29} \sim C_{36}$	1720	336	874	186	429	512	513
六六六	<0.1	<0.1	<0.1	<0.1	<0.1	<0.1	<0.1
滴滴伊	<0.1	<0.1	<0.1	<0.1	<0.1	<0.1	<0.1
滴滴滴	<0.1	<0.1	<0.1	<0.1	<0.1	<0.1	<0.1
滴滴涕	<0.1	<0.1	<0.1	<0.1	<0.1	<0.1	<0.1

*该单位不适用于 pH 和有机质

表 5-16　辉山明渠（沈河区）底泥检测结果（mg/kg*）

检测项目	检测结果				
	1#	2#	3#	4#	5#
铜	282	46.2	90.8	196	271
锌	2000	204	1120	1460	1690
铅	101	44.0	120	181	104
镉	2.86	0.18	0.88	1.71	3.75
铬	865	63.4	113	268	621

检测项目	检测结果				
	1#	2#	3#	4#	5#
镍	448	74.1	283	224	303
汞	3.31	1.65	1.39	1.49	3.09
砷	12.6	2.5	10.8	7.7	9.6
含水率（%）	65.7	21.0	52.6	47.4	62.0
pH（无量纲）	7.1	8.3	7.4	7.6	6.8
总氰化物	<0.5	<0.5	<0.5	<0.5	<0.5
有机质（g/kg）	167	12.9	93.7	124	216
全氮	6930	397	3760	5680	10500
全磷	4410	634	2550	5510	7220
矿物油	2160	158	1880	875	—
总石油烃 $C_6 \sim C_9$	<0.5	<0.5	<0.5	<0.5	
总石油烃 $C_{10} \sim C_{14}$	64	<10	92	14	
总石油烃 $C_{15} \sim C_{28}$	2030	151	1940	555	
总石油烃 $C_{29} \sim C_{36}$	2400	146	1150	714	
六六六	<0.1	<0.1	<0.1	<0.1	<0.1
滴滴伊	<0.1	<0.1	<0.1	<0.1	<0.1
滴滴滴	<0.1	<0.1	<0.1	<0.1	<0.1
滴滴涕	<0.1	<0.1	<0.1	<0.1	<0.1

*该单位不适用于含水率、pH 和有机质

4. 其他污染源调查

　　河道两侧垃圾成堆，两岸生活垃圾随意丢弃，侵占河床，护岸受到不同程度的破坏，河道污染严重、淤积严重，河道受到严重破坏；河道两侧垃圾污染也导致其周边生态遭到破坏；呈现"脏、乱、差"，苍蝇、蚊子大量滋生，严重影响周围民众的生活质量。水质恶化，底泥也受到污染，含有大量难降解有机物，同时泥裸露于水面，河道库容减小，已严重阻塞河道行洪、排涝。泄洪通道变窄，河道行洪面积减小，形成过水瓶颈，上游来水流量大、流速较快时，容易发生河面上升，影响行洪、排涝。

　　辉山明渠局部河段两侧种植树木，秋季落叶进入水体后逐渐腐烂并沉入水底，这也是辉山明渠形成黑臭底泥的原因之一，见图 5-59。

图 5-59　辉山明渠河岸两侧种植树木

　　辉山明渠沿线有两座污水处理厂，分别为位于沈铁·东贸佳园小区北侧的辉山明渠污水处理厂（3 万 t/d）和位于沈水东路南侧的辉山明渠湿地污水处理厂（3 万 t/d），见图 5-60。这两座污水处理厂承担着处理辉山明渠上游转输的污水的任务，经处理达到《城镇污水处理厂污染物排放标准》（GB 18918—2002）后，作为景观补水重新排放至明渠内。明渠上游转输水量超过污水处理厂的处理能力时，污水处理厂尾水超标排放会对辉山明渠水质造成影响。

图 5-60　辉山明渠两座污水处理厂位置图

5. 环境条件调查

1）周边环境特征

辉山明渠北起辉山水库泄洪闸，途经东望街、观泉路、沈吉铁路、东陵路、新开河，南至浑河，由北至南贯穿大东区和沈河区。

辉山水库至东望街段为明渠，东侧为榆林大街，南侧为东望街，明渠两侧主要有辽宁省劳动经济学校、榆林苑小区、范家坟村、和谐城小区、金地檀越小区，小区建筑群为高层建筑，村屯建筑群为一层、二层建筑。

东望街至观泉路东望东街段为直径 1.8m 暗管，途经华晨宝马大东工厂厂区。

观泉路东望东街至东陵路段为明渠，途经观泉路、沈吉铁路、东贸路、东陵路，明渠西侧为高官台街，东侧为高官台西一街及东茂南四路，明渠西侧主要小区为沈铁·东贸佳园小区、水晶城小区、保利香槟国际小区，主要建筑群为高层建筑。

明渠过东陵路为一小段暗管，东陵路至浑河段为明渠，途经新立堡东街、新泰街、东新路、凌云街、沈水路，沿线主要有保利海棠花园小区、保利海上五月花小区、棚户区，小区主要建筑群为高层建筑，棚户区主要建筑为一层、二层建筑及临时性彩钢房。

辉山明渠为沈阳市百里环城水系的重要组成部分，担负着调节辉山水库蓄水水位、确保沈阳东部汛期泄洪的重任。沿线途经多个小区，周边交通路网发达。

2）水文条件

辉山明渠源起辉山水库坝址下游，位于大东区前进街道榆林堡，其坝上控制流域面积 $7.4km^2$，与新开河通过倒虹吸形式交叉，由北向南流入浑河。上游大东区段河道平均比降为 3.3‰，下游沈河区段河道平均比降为 1‰。辉山明渠水库如图 5-61 所示。

图 5-61　辉山明渠水库

辉山明渠流域的洪水由暴雨形成，造成大暴雨的主要天气系统有台风、华北气旋、高空槽、低压和冷锋。其暴雨多发生在 7～8 月，一次降雨过程为 3 天左右，主要雨量集中在 24h，洪水发生时间较为集中。辉山水库坝上未设水文测站，属无资料地区，其洪水主要来自上游的山丘区。

3）水体岸线硬化状况

辉山明渠河岸两侧基本无堤防，局部段有混凝土板护岸，沿河两岸多为工厂及村民区。由于河道常年淤积，岸坡出现陡坎，当发生 20 年一遇洪水时，局部段河道泄洪能力下降，洪水将出现漫溢，陡坎脱落，危及两岸人民的生命和财产安全。

4）水体污染与影响

辉山明渠水系是沈阳市区的主要水系之一，流经大东、沈河两个行政区，向南排入浑河。沿线有金地檀越、水晶城、保利香槟国际、保利海上五月花等小区，其影响力非常显著。随着城市的建设与发展，辉山明渠在沈阳市生态环境建设中将起到越来越重要的作用。

由于辉山明渠沿线没有截污管道，目前存在河流污染严重、沿途居民随意倾倒垃圾以及随意排放生活污水等问题。为了解决辉山明渠水体黑臭等问题，充分发挥其应有的生态调控作用，必须采取以污水资源合理利用与减轻浑河污染为目标，结合沈阳市城市污水处理与利用整体规划和城市建设规划，以生态工程为主要手段的综合整治措施，达到净化河流、减少排向浑河的污染物总量、建设沿河两岸独特的生态景观、扩大城市水面与绿地面积、改善沿途生态环境与人居环境的目的。

5.4.5　问题分析

目前辉山明渠存在以下环境问题。

（1）沿线小区、村屯生活污水直排入渠，造成河水水质污染严重。

（2）村屯生活垃圾、畜禽养殖废弃物随意堆放和直接倾入河道。

（3）河流底泥黑臭、河水浊度大、腐殖物覆盖河床，水体呈现不悦颜色并散发令人不适气味。

（4）河道断面狭窄、淤积严重，生态景观效果差。

原因分析：

（1）辉山明渠沿线两侧缺少污水截流管线，周边村屯缺少配套污水管道。

（2）村屯内基础设施建设不完善，缺乏统一管理。

（3）河道长期超负荷污染导致底泥纳污堆积，底泥污染了上面的河水，使水质恶化。

（4）河道长年不整修、淤泥长年不清除，河流淤积严重，流速缓慢，河床底部有机污泥沉积和厌氧发酵是水体黑臭的直接原因。

（5）沿线居民利用河岸滩地建设房屋、种植作物、堆放杂物，侵占河道行洪空间。

5.4.6　综合整治内容

1. 整治技术选择原则

城市黑臭水体整治技术的选择应遵循"适用性、综合性、经济性、长效性和安全性"等原则。

（1）适用性：地域特征及水体的环境条件将直接影响黑臭水体治理的难度和工程量，需要根据水体黑臭程度、污染原因和整治阶段目标的不同，有针对性地选择适用的技术方法及组合。

（2）综合性：城市黑臭水体通常具有成因复杂、影响因素众多的特点，其整治技术也应具有综合性、全面性。需系统考虑不同技术措施的组合，多措并举、多管齐下，实现黑臭水体的整治。

（3）经济性：对拟选择的整治方案进行技术经济比选，确保技术的可行性和合理性。

（4）长效性：黑臭水体通常具有季节性、易复发等特点，因此整治方案既要满足近期消除黑臭的目标，也要兼顾远期水质进一步改善和水质稳定达标。

（5）安全性：审慎采取投加化学药剂和生物制剂等治理技术，强化技术安全性评估，避免对水环境和水生态造成不利影响和二次污染；采用曝气增氧等措施要防范气溶胶所引发的公众健康风险和噪声扰民等问题。

2. 整治技术选择

根据辉山明渠的污染现状及主要的污染源制定技术路线。

（1）点源污染治理工程，包括截污管网工程和小型污水处理站建设工程，对直排入河道的生活污水进行截污，对无法送入污水处理厂的污水通过小型污水处理站处理达标后排放。

（2）面源污染治理工程，通过垃圾综合整治工程，对农村垃圾集中收集、集中处理，对河渠禁养区范围内畜禽养殖户进行迁移。

（3）内源污染治理工程，通过清淤（原位）工程、垃圾清理工程，去除河道内的内源污染源。

（4）生态修复治理工程，通过拓宽河道、整修岸线强化水体的污染治理效果。以上治理措施保证辉山明渠河道内水质达到地表水五类标准。

3. 点源污染治理工程

1）截污管网工程

（1）辽宁省劳动经济学校、榆林苑生活污水排污口。

在辽宁省劳动经济学校及榆林苑小区围墙东侧、辉山明渠西岸修建一排污水截流管道，将辽宁省劳动经济学校、榆林苑小区直接入渠管道接入新建截流管内，由于该点位距现状市政管网较远，因此在榆林苑小区东侧、明渠西侧岸边空地位置建一座小型污水处理站，截流污水经小型污水处理设备处理达标后排放至辉山明渠内，可作为明渠景观补水。

工程量：$D = 0.3 \sim 0.5\text{m}$ 污水管道铺设 360m，处理能力 900m^3/d 单套多级生物接触氧化反应器小型污水处理站 1 座。

（2）范家坟排污口。

在范家坟村内现状主要道路上修建配套污水管网，将村内原直排入渠的污水管道接入新建截污管网内，由于该点位距现状市政管网较远，因此在榆林苑小区东侧、明渠西侧岸边空地位置建一座小型污水处理站，截流污水经小型污水处理设备处理达标后排放至辉山明渠内，可作为明渠景观补水。

工程量：$D = 0.3\text{m}$ 污水管道铺设 1340m，处理能力 50m^3/d 单套多级生物接触氧化反应器小型污水处理站 1 座。

（3）观泉路东望东街污水排污口。

东望东街现状市政污水管道下游二环污水管排水不畅，导致东望东街现状污水和一小区污水直接接入辉山明渠，因此在东望东街设置小型污水处理设备，分流一部分东望东街污水，处理达标合格后排入明渠；将小区接渠污水管封堵，小区污水管接入东望东街现状污水管道，其污水经由市政污水管道一并排入小型污水处理站处理；对场站占地内的 $D = 0.8\text{m}$ 雨水管线进行恢复。

工程量：$D = 0.3\text{m}$ 污水管道铺设 170m，$D = 0.8\text{m}$ 雨水管道铺设 70m，处理能力 500m^3/d 单套多级生物接触氧化反应器小型污水处理站 1 座。

（4）其他四处排污口。

东望街沿辉山明渠西北约 600m 处至东望街段，在明渠两侧修建两排截污管线，排水方向由西北向东南，截流污水排至东望街现状 $D = 0.7 \sim 0.9\text{m}$ 污水管道，最终进入北部污水处理厂。此段管道是为将来该区域规划道路市政管网修建的配套截污管线。

沈吉铁路至新开河段，在明渠西岸修建一排截污管线，排水方向为由南向北，将辉山明渠沿线截流污水排至规划东部污水处理厂进行处理。将八家子泵站污水出水管、保利海棠排污管、棚户区排污管接入该截流管道内。由于东部污水处理厂改址，截流污水临时排入现状辉山明渠污水处理厂进行处理，但辉山明渠污水处理厂原为处理明渠上游转输污水，其处理工艺及处理水量均与截流污水不匹配，导致其出水水质不达标。因此将截流污水暂时接入东贸路现状污水管道内，向西排入珠林泵站，泵站出水通过地坛街、善林路 $D = 1.5m$ 原有管道及漭江街 $D = 1.5m$ 新建管道进入南运河截流干管，进而进入南部污水处理厂进行处理。

　　在辉山明渠东岸为西岸截流干管修建配套支线：东贸路以北、辉山明渠东岸段，为辉山明渠东岸及高官台街以东地区修建一排配套截污管线；水晶城东侧水系以东段，为将来高官台棚户区开发做一排配套截污管线，由于目前棚户区改造工作尚未完成，此段管道暂未实施；东陵路至新立堡路段，在明渠东岸修建一排截污管道，为东陵路以南、明渠以东地区做预留；新开河至新立堡路段，沿新泰街现状道路及保利海上五月花规划路修建一排截污管道，将保利海上五月花直排入渠污水管道接入新建截流管道内。

　　工程量：$D = 0.5m$ 污水管道铺设 2007m，$D = 0.6m$ 污水管道铺设 2432m，$D = 0.8m$ 污水管道铺设 1035m，$D = 1.0m$ 污水管道铺设 81m，$D = 1.2m$ 污水管道铺设 1833m；为将截流污水暂时送入辉山明渠污水处理厂处理，建闸门井 1 座、设计流量为 $0.35m^3/s$ 一体化污水泵站 1 座、$210m^3$ 蓄水池 1 座；因辉山明渠污水处理厂处理能力不足，将截流污水接入东贸路现状污水管道，进而排入南部污水处理厂处理，$D = 1.2m$ 污水管道铺设 1010m。

　　2）小型污水处理站工程

　　辉山明渠黑臭水体整治工程共建 3 座小型污水处理站，分别位于榆林苑小区西侧（$900m^3/d$）、范家坟村（$50m^3/d$）、观泉路东望东街（$500m^3/d$）。

　　小型污水处理站基本工艺流程是生活污水通过污水管网收集，进入格栅井，通过格栅去除污水中较大的漂浮物，自流至调节池均衡污水水质水量，出水由调节池提升泵提升至一级生化池，并依次进入二级生化池、三级生化池，生化池内配套曝气系统和悬浮性填料，整个系统不仅有传统接触氧化工艺的优点，同时考虑污水分级处理，有机物及溶解氧形成不同的浓度梯度，整个工艺流程类似活性污泥法中活塞式推流前进，不同级别的反应器形成不同的优势种群，从而可以高效地处理掉污水中的污染物。经过三级生物处理后的污水分别自流进入沉淀澄清池，经过沉淀分离后出水进入紫外消毒器消毒，消毒后出水进入出水检查井，而后排入辉山明渠。各处理站工艺流程图见图 5-62～图 5-64。

4. 面源污染治理工程

　　辉山明渠流经大东、沈河两个行政区，垃圾综合整治工作以区为责任主体，以改善水环境质量为核心，以百姓需求为导向，以群众满意为标准，以清理垃圾污染为重心，坚持政府主导、部门联动、全民参与、标本兼治、综合治理的原则。

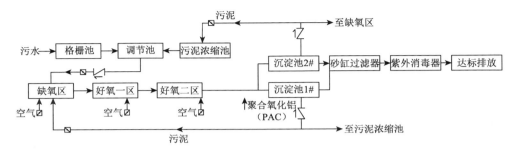

图 5-62　辽宁省劳动经济学校、榆林苑小型污水处理站（900m³/d）工艺流程图

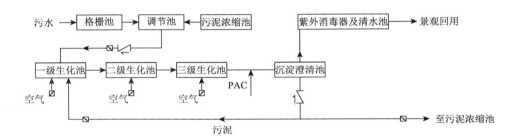

图 5-63　范家坟村小型污水处理站（50m³/d）工艺流程图

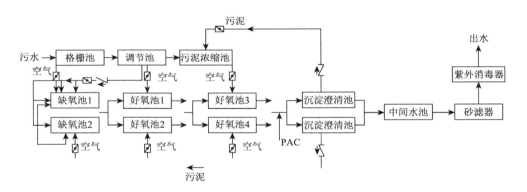

图 5-64　观泉路东望东街小型污水处理站（500m³/d）工艺流程图

　　大东区明渠主要面源污染是村内生活垃圾、沿河旱厕及违建、畜禽养殖污水，各项工作责任分工如下。

　　1）沈阳市城市管理行政执法局大东分局

　　（1）负责对私自土地开发利用、建设及生产活动占用河道的违章建筑依法拆除。

　　（2）对违建等违法行为予以严厉打击，建立日常巡查机制，杜绝此类违法行为的发生。

2）沈阳市大东区农村工作办公室

（1）负责大东区河渠禁养区范围内畜禽养殖户迁移工作。

（2）制定并完成养殖户补偿措施。

3）沈阳市大东区汽车城城市管理局

（1）负责依照市城建计划要求，对大东区黑臭水体周边环境进行集中整治，对村屯家禽、河道、河道两岸生活垃圾进行清理。

（2）对垃圾临时堆放点一次清理到位。

（3）将城市再生水、城市雨洪水、清洁地表水等作为黑臭水体的补充水源，增加水体流动性和环境容量。

（4）因黑臭水体通常具有季节性、易复发等特点，需巩固河道日常管理，两岸保洁工作要持续监管，对水体水生植物和岸带植物按季节收割，加强季节性落叶及水面漂浮物的清理整治，防止反弹。

4）街道办事处

（1）负责对污染水域沿岸居民自行搭建的简易旱厕拆除工作，按时限完成环保制式厕所的新建工作，定期清掏，杜绝污水排入河渠。

（2）加大环保宣传力度，引导居民自觉树立环保意识。

沈河区明渠主要面源污染是河道周边的生活垃圾，工作重点是对辉山明渠河道垃圾、水面漂浮物进行全面清理。对沈河区域内河道垃圾进行拉网式排查，成立垃圾清理专项小组，制定沈河区河道垃圾清理实施方案。河道管理单位有计划、有重点地对河道内积存垃圾进行集中清理，依法依规排查向河道倾倒垃圾的行为。

5. 内源污染治理工程

辉山明渠黑臭水体整治清淤工程初步方案为将河床上的底泥机械挖出后，择地统一进行处理，由于实际条件的限制，尚未选择出处理污泥的场地，通过现场调研综合考虑，最终选用"原位修复，泥水共治，恢复水体生态系统"技术。

在河道内投加新型高效物化凝聚剂，并使药剂与泥水充分混合反应，使得底泥得以修复，进而恢复河道的自净能力。新型高效物化凝聚剂主要由天然矿物质组成，通过凝聚、吸附、电化学、螯合等形式对河流底泥中重金属等有害物质进行固化，将底泥中封闭的营养物质释放出来并将其转化为可被微生物利用的有效营养物质，参与生态链的循环。同时提高底泥 ORP，形成类氧化塘，增强自净能力。

本工程河道现状情况复杂，需要结合不同的工法以应对不同的断面。原位清淤泥水同治技术主要采用的工法有利用水陆（两栖）挖掘机作业、水上船体搅拌作业、挂桨机搅拌作业等。

6. 生态修复治理工程

河道整修治理长度 8.36km，治理范围为辉山水库坝下至宝马厂区暗涵进口、宝马厂区暗涵出口至新开河下游 700m 处。按照清水、活水、近水的城市水系规划要求，通过岸线修复、生态拦蓄，让水真正融入市区，融入生活，使市民可以随时随地赏水、亲水、戏水，切实体现水在城中、人在景中，人水和谐相处、相亲相融。治理方案因河制宜，因段制宜，按照河道自然走向，宜宽则宽、宜窄则窄，兼顾防洪与景观双重功能，在保证辉山明渠 20 年一遇洪水安全下泄的前提下，打造沈城东部独特的景观河道。第一段辉山水库输水洞出口至范家坟村，该段治理充分利用河水水势高差大的特点，打造依山傍水的景观河道；第二段范家坟村至新开河下游，该段考虑河道进入城区，两岸分布大量居民小区，打造宜居亲水的景观河道。

河道整形拓宽，河底以下 0.5m 采用钠基膨润土防水毯进行防渗处理，铺设高度至景观水面以上 0.5m 高度处，铺设面积为 201142m²；河底至拦蓄水位以上 0.5m，采用大块石（黄岩）护岸，共 15808.2m³。

5.4.7　污染物削减与整治效果预测

辉山明渠黑臭水体综合治理后，可见度、水质将大幅提升，水体生态系统逐渐恢复，具体目标如下：

（1）河道水质：按照《城市黑臭水体整治工作指南》要求，消除黑臭水体；在运河水系综合整治工程完成之后，达到地表Ⅴ类水标准。

（2）河道底泥：底泥中重金属指标达到《土壤环境质量标准》（GB 15618—2018）中三级及以上标准。

（3）底泥减容：原位治理后改善河道底泥的活性，除臭、除味，施工完毕后淤泥减容平均厚度≥30%。

5.5　细河黑臭水体综合整治

5.5.1　流域概况

1. 水系概况

细河是浑河的一级支流，也是一条承泄城市雨污排水和农田排涝的平原排水河道，起源于卫工明渠进水闸，由东北向西南流经皇姑区、铁西区、于洪区，在铁西区长滩镇土西村汇入浑河，河流全长 78km，流域面积约 240km²。卫工明渠进水闸至揽军路为卫工明渠段，河长 7.7km；下游穿越吉力湖街、大通湖街、南阳湖街、三环高速，为细河于洪段，河长 6.6km；细河于三环高速下游 100m 处与浑蒲灌区总干交汇，总干渠通过余良倒虹穿越细河，该处建有一座细河进水闸和一座防洪闸，细河上游部分来水通过进水闸排向下游（最大下泄流量 25m³/s），其余来水通过防洪闸直接排入浑河，细河进水闸下游与浑蒲总干矩形槽平行流向 1.4km，下游流经沈阳经济技术开发区，河道两岸建有大中型企业及多个工业产业园区，三环到四环之间河长 8.9km，河道宽度 8～30m。在四环桥流经到大潘镇西孤村桥，西孤村桥是细河城市段与农村段的分界线，城市段河长 40km。细河流经大潘、彰驿、长滩镇，于长滩镇土西村汇入浑河，该段为细河铁西农村段，河长 38km。细河二环到三环段（于洪段）见图 5-65，细河三环到四环段（铁西段）见图 5-66。

图 5-65　细河二环到三环段（于洪段）（彩图附书后）

细河流域全部为平原区，形成大暴雨的主要天气系统与浑河流域一致。细河降水量主要集中在 6～9 月，约占全年总量的 75%。历年大暴雨多发生在 7～8 月，又往往集中在几次暴雨降落。

20 世纪 60 年代初，细河便开始承接沈阳市内的部分工业污水、城市生活污水，这使其不仅完全丧失了天然河流的基本功能，而且还造成沿河两岸上万亩稻田严重减产，给当地居民的日常生活也带来极大不便。随着沈阳市工业，特别是铁西老工业区的改造和铁西新区建设的不断深入，细河变成了一条名副其实的"臭水河"，大部分河段属于重度黑臭水体，同时细河灌溉地区及沿河居民饮用水也受到了严重污染。

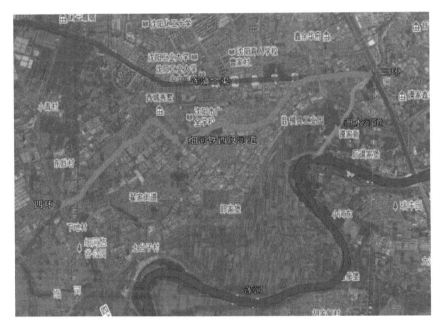

图 5-66　细河铁西三环到四环段

细河铁西三环到四环段，河长 8.9km，该段河道近年来尽管实施了防洪工程，但仍然未解决水体黑臭问题。水体常年保持轻度黑臭或重度黑臭，居民投诉较多，社会影响较差。由于河道污染来源种类多，问题复杂，细河黑臭水体治理情况复杂、任务艰巨。细河水体现状情况见图 5-67。

图 5-67　细河水体现状

2. 地理位置

于洪区隶属辽宁省沈阳市，位于沈阳市区西北部，东临铁西、皇姑两城区，西与新民市接壤，南隔浑河与苏家屯区相望，北邻沈北新区，是辽宁省省会沈阳市的近郊区，是东北地区连接山东、京津唐等关内地区的重要交通门户，是贯通朝鲜、韩国、俄罗斯等国家的陆路交通重要节点，是沈阳市西部主要交通出口。

3. 气候气象

细河流域地处中纬度地区，属温带大陆性季风气候，四季分明，气候宜人。其特点是：雨热同步，干冷同期，温度适宜，光照充足。春季，少雨多风，日照时间长；夏季炎热多雨，盛行东南风；秋季凉爽、雨量适中，南北风交替；冬季寒冷、降水偏少，多北风。本书以沈阳市气象站作为代表站，根据其资料统计，各种气象要素情况如下。

降水：多年平均降水在 650～800mm，上游大于下游；南侧大于北侧。丰、枯水年降水量相差 3 倍以上。降水主要集中在 6～9 月，占全年降水量的 70%～80%。

蒸发：上游小于下游，南侧小于北侧。年内蒸发量最大发生在 5 月，最小在 1 月。其中 5 月、6 月平均蒸发量均在 200mm 以上，作物生育期蒸发量为 1095.9mm，占全年蒸发量的 77.7%；多年平均无霜期为 158 天。

相对湿度：多年平均相对湿度为 60%～70%，由下游向上游递增，全年以夏季 7 月、8 月最高，为 80.5%左右；春季最低，为 55%左右。

日照时数：全年日照时数在 2280～2670h，平原高于山区。全年 5 月日照时数最长，1 月日照时数最短。

温度：多年平均气温为 8.1℃，最高气温 38.3℃，发生在 7 月，最低气温为 −30.6℃，发生在 1 月，作物生育期平均气温 19.9℃

最大积雪深度与最大冻土深度：最大积雪深度多在 20～36cm，最大冻土深度在 140～170cm。

风速风向：多年平均风速为 3.1m/s，多年平均最大风速为 15m/s，风向多以西南风为主，其次是偏北风，尤其是春季经常出现 7 级以上的西南大风，频率占全年的 59%，多年平均大风为 25～39d。

4. 地形地貌

于洪区地处长白山余脉，属辽东丘陵向辽河平原过渡地带。地貌形态由东北部的低山丘陵区过渡到山前波状倾斜平原区，中西部为广阔平坦的下辽河平原，面积约占全市总面积的 60%。地势由东北向西南缓倾，东北高西南低。纵观全区，地貌形态多样，地形高差变化也较大。

铁西区地貌单位属阶地，地形平坦，地基土由黏性土、砂土组成，无不良地质作用。场地的地基是稳定的，岩土层底深度变化不大，地基土持力层及受力层稳定均匀，适宜建筑。

细河（二环—四环）沿线整体地形平坦开阔，起伏不大，一般海拔在 30～40m。地貌单元属于浑河冲积阶地。

5. 地质水文

项目区地下水主要以大气降水及细河侧向径流为补给来源，排泄以地下径流或蒸发为主，地下水位常年变化幅度约为 2m。

在天然条件下，地下水主要通过大气降水、地下径流和地表水渗入补给。全区地下水资源较丰富，地下水位埋深较浅，易于开采并且水质较好，适于生活饮用及工农业用水。地势平坦、河流水系发育，属山前倾斜平原及冲积平原区，第四系含水层厚度较大，地下水资源丰富。其中全新统含水层厚 10～22m，上更新统含水层厚 8～22m，近河地带属极强富水段，渗透系数 14～30m/d。远离河流的冲积扇边缘地区属富水段，地下水埋深 2～3m，渗透系数 30～910m/d。

6. 人口及社会经济条件

于洪区地势平坦，四季分明，属半湿润大陆性气候，总面积 499km²，三环内城市规划面积 85km²，总人口 66.2 万，其中户籍人口 30.7 万，具有亦城亦乡双重区域功能，是沈阳市经济发展和城市外拓的重要承载区。于洪区工业经济总量已进入全市前三名，经济综合实力在全市"第一集团"的地位更加巩固。于洪区是沈阳经济区沈阜城际连接带的重要节点和龙头区域，是沈阳经济区西部的"制高点"。目前于洪区以蒲河生态廊道为主轴，全力打造"一带、两城、五市镇"的总体发展格局。

铁西区总面积 484km²，人口 114 万，区内企业规模宏大，工业门类齐全，配套能力强大。在装备制造产业内，聚集了数控机床、透平压缩机、超高压机组、大型水泵等拳头项目和技术顶尖企业。全区工业企业 880 户，其中规模以上 252 户，堪称"中国制造业之都"。2007 年 6 月 9 日，国家发展和改革委员会与国务院振兴东北办公室授予沈阳市铁西区"老工业基地调整改造暨装备制造业发展示范区"的称号；2008 年，被列入改革开放 30 年全国 18 个典型地区之一，荣获联合国全球宜居城区示范奖；2009 年，在《沈阳铁西装备制造业聚集区产业发展规划》中，铁西区被选为国家新型工业化产业示范基地、国家首批知识产权强县（区）工程示范区。

5.5.2　整治前水质情况

1. 细河于洪段整治前水质情况

2017 年 6 月，经现场查勘，细河水体由于为流动水体，水体质量时好时坏，不够稳定。水体黑色主要是河底污泥映射导致，河底污泥肉眼可见颜色发黑，悬浮物较多，底泥垃圾较多。

对项目区水体进行了具体采样检测工作，针对重点水体、河段，对缺少既有数据的必要评估点位，开展必要的水质、泥质检测，掌握水质、底泥基本现状。水样采样时间为 2017 年 9 月 16 日，采样点 18 处，用于判断细河水体黑臭程度。具体采样点位见图 5-68。水体检测结果见表 5-17。

图 5-68　细河于洪段水质监测点位图

表 5-17　细河于洪段水体黑臭检测指标表

点位	透明度（cm）	溶解氧（mg/L）	氧化还原电位（mV）	氨氮（mg/L）
细河支流 1 号	32	2.5	+ 35	0.882
细河支流 2 号	30	2.2	+ 15	0.968

续表

点位	透明度（cm）	溶解氧（mg/L）	氧化还原电位（mV）	氨氮（mg/L）
细河支流 3 号	100	1.7	＋20	1.03
细河干流 1 号	10	1.7	−203	42.4
细河干流 2 号	20	3.5	＋24	8.27
细河干流 3 号	10	3.0	＋24	8.90
细河干流 4 号	20	3.2	＋26	8.69
细河干流 5 号	20	2.6	＋18	7.19
细河干流 6 号	27	2.8	＋26	7.32
细河干流 7 号	25	2.3	＋27	7.30
细河干流 8 号	21	3.2	＋40	7.31
细河干流 9 号	20	2.7	＋26	10.2
细河干流 10 号	14	2.5	＋39	7.90
细河干流 11 号	13	2.4	＋20	7.31
细河干流 12 号	18	2.3	＋26	7.32
细河干流 13 号	10	1.9	＋23	7.14
细河干流 14 号	10	2.0	＋22	6.96
细河干流 15 号	11	2.1	＋23	0.82

2. 细河铁西段整治前水质情况

根据周围居民意见，细河水体多年来一直黑臭，尤其是夏天散发着刺鼻气味，水体颜色发黑，黑臭程度据描述可判定为重度黑臭。

对项目区水体进行了具体采样检测工作，水样采样时间为 2017 年 6 月 12 日，采样点 14 处，用于判断细河水体黑臭程度。采样图片见图 5-69。水体检测结果见表 5-18。

图 5-69　细河水体现场采样

表 5-18　细河铁西段水体黑臭检测指标表

点位	透明度（cm）	溶解氧（mg/L）	氧化还原电位（mV）	氨氮（mg/L）
三环桥下游 10m	52.3	1.88	419.8	5.74
浑蒲干渠分离处	53.2	2.39	430.8	2.03
节制闸下游	50.6	1.91	440.8	0.61
细河桥	55.2	1.68	345.8	2.03
中央大街桥	53.5	1.22	434.8	7.44
曹后公路上游 2m	68.2	1.33	436.8	8.30
浑河十街下游 10m	75.4	2.64	442.8	9.72
浑河十五街上游 30m	74.3	1.98	434.8	8.58
浑河十五街下游 600m	75.3	2.32	440.8	7.44
曹后路上游 600m	76.7	1.35	441.8	7.73
浑河十八街桥上游 700m	47.5	2.7	404.8	12.29
浑河十八街桥上游 10m	43.2	5.28	434.8	9.72
四环桥上游 600m	44.5	3.25	428.8	12.29
四环桥上游 2m	55.2	3.83	451	9.72

5.5.3　黑臭程度分级

根据细河水体采样检测结果，氨氮和溶解氧的检测值达到重度黑臭的限定值，可认定细河于洪段二环—三环段 2017 年 9 月水体水质达到重度黑臭，细河铁西段三环—四环段 2017 年 6 月水体水质达到轻度黑臭。

根据现场走访，细河二环—四环段水体多年来一直黑臭，尤其是夏天散发着刺鼻气味，水体颜色发黑，黑臭程度据描述可判定为重度黑臭。

5.5.4　污染源调查

1. 细河于洪段污染源调查

经现场走访调查，细河沿线尚有 5 处污染源，一是上游卫工明渠水体，流入细河后造成细河污染；二是腾飞二泵站出水口排入细河的合流水体；三是揽军路泵站出水口排入细河的合流水体；四是仙女河临时泵站排洪口在强降雨期间向细河内泄洪；五是仙女河污水处理厂排放到细河的水体水质指标未达到《城市黑臭水体整治工作指南》水质指标要求。

1）点源调查

细河全线排水口共有 9 处，分别为城东湖街卫工明渠雨水出口 E01 号、腾飞二泵站排水口 E01 号、揽军泵站排水出口 E02 号、仙女河污水处理厂备用出水口 E03 号、仙女河污水处理厂排水口 E04 号、供暖排水口 E05 号、吉力湖街雨水排出口 W01 号、大伙房水库冲刷管道排水口 W02 号、仙女河临时泵站排水出口 E06 号等。9 处排水口性质及点位照片见表 5-19 及图 5-70。

表 5-19　细河于洪段排水口性质表

序号	排水口名称	排水性质	位置	岸别（左/右）	坐标		设置（管理）单位	结构形式（混凝土/金属）	排水口形状（圆形/矩形）
					东经	北纬			
1	城东湖街卫工明渠雨水出口 E01 号	市政雨水口	卫工明渠城东湖街以南 50m 处	左	123.2150°	41.453°	于洪区市政设施管理处	混凝土	方涵
2	腾飞二泵站排水口 E01 号	泵站排水口	细河城东湖桥上游	左	123.34959°	41.766816°	沈阳市排水处	混凝土	方涵
3	揽军泵站排水出口 E02 号	泵站排水口	细河城东湖桥下游距桥 50m	左	123.349397°	41.766627°	沈阳市排水处	混凝土	方涵
4	仙女河污水处理厂备用出水口 E03 号	污水处理厂出水口	细河城东湖桥下游距桥 100m	左	123.348217°	41.765306°	仙女河污水处理厂	混凝土	方涵
5	仙女河污水处理厂排水口 E04 号	污水处理厂出水口	细河城东湖桥下游距桥 150m	左	123.347966°	41.765223°	仙女河污水处理厂	混凝土	方涵
6	供暖排水口 E05 号	小型设备出水口	细河边宏发三千院靠近吉力湖街	左	123.34556°	41.764059°	国惠环保新能源有限公司	混凝土	圆形
7	吉力湖街雨水排出口 W01 号	明排管道	细河边宏发三千院靠近吉力湖街	右	123.346423°	41.764744°	于洪区市政设施管理处	混凝土	圆形
8	大伙房水库冲刷管道排水口 W02 号	小型设备出水口	细河于洪区中医院附近	右	123.326457°	41.757317°	大伙房水库	混凝土	方涵
9	仙女河临时泵站排水出口 E06 号	泵站排水出口	细河富官村	左	123.303923°	41.749118°	于洪区市政设施管理处	混凝土	方涵

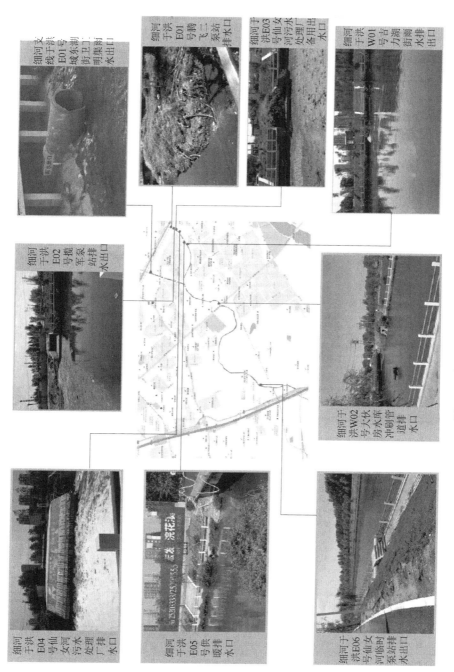

图 5-70　细河干洪段排水口点位照片图

2）面源调查

面源污染主要包括合流管网溢流污染及雨水径流污染，本次主要调查黑臭水体沿岸垃圾收集点及转运点、沿岸建设工地、沿岸企业、村屯等各类面源污染来源点的分布。

细河上游多为居民自发组织的旧货市场、农贸市场，现均已拆除清理，周边沿线正在实施岸带修复工程，周边可形成良好的绿化带，面源污染已经消灭。

3）内源调查

20世纪60年代初，细河便开始承接沈阳市内的部分工业污水、城市生活污水，造成严重的内源污染，现状沿线细河底泥厚度0.5～1.0m不等，导致水体黑臭。另外，水体底泥中所含有的污染物以及水体中各种漂浮物、悬浮物、未清理的水生植物或水华藻类等所形成的腐败物，进入水体后将逐渐腐烂并沉入水底，可能形成黑臭底泥。细河于洪段内源污染现状见图5-71。

图 5-71　细河于洪段内源污染现状图

4）环境条件调查

（1）周边环境特征。

据调查，拟治理河道主要分布于城乡接合部，周边用地类型有居住用地、公共管理与公共服务用地、商业用地、工业用地、道路交通设施用地、公用设施用地及绿地与广场用地。河道周边路网建设发达，城市主干、次干道及支路纵横，随着旅游、休闲健身成为人们重要的生活方式，慢行系统日渐增多。

细河水系居住用地有碧桂园小区、宏发小区、万科小区、鹏程小区等居民区，商业用地有中泰物流园、沈阳久久不锈钢有限公司等。河道上游多为居民生活区，下游两岸多为开荒地及企业。

（2）水文条件。

细河为平原区排水河道，属于无资料地区，形成大暴雨的主要天气系统与浑河流域一致。细河降水量主要集中在 6～9 月，约占全年的 75%。历年大暴雨多发生在 7～8 月，又往往集中在几次暴雨降落。

经调查细河三面闸以上为城区段，主要排泄城区的雨水、经仙女湖污水处理厂处理后的中水及卫工明渠下泄的流量三部分。由于路网的阻隔，本次治理段雨洪汇流速度较慢，且汇流面积较小，汇流的形式主要为漫流汇入。

根据 2011 年 8 月黑龙江农垦勘测设计研究院完成的《沈阳市细河（于洪区段）综合治理工程可行性研究报告》中的设计流量，三面闸以上段设计流量为 79m³/s，其中，雨洪设计流量为 59m³/s，仙女湖污水处理厂中水流量为 6m³/s，卫工明渠放流量为 14m³/s。

（3）水体岸线硬化状况。

现状细河拟治理段除卫工明渠支流均无任何防护，无硬化护岸。卫工明渠支流两岸均为预制混凝土板防护，局部预制混凝土板已经裂缝，外观效果不佳。整体细河拟治理段位于城乡接合部，河道两岸杂草丛生，岸线较为杂乱。目前沿河岸线正在实施岸带修复工程，整体水域岸线将得到质的提升。

2. 细河铁西段污染源调查

铁西段细河上游来水主要有上游于洪区来水，于洪区来水主要为城区雨水、仙女河污水处理厂处理后的中水以及卫工明渠下泄流量三部分。项目区域内沿河纳入雨水口排入雨水、排污口污水等，水源来源复杂，水质较差。同时水面、水边堆积大量的生活、生产垃圾，经降雨冲刷后进入河道，严重影响河道内水质。细河河道内水体范围内几乎没有动植物生存，水体散发恶臭，生态系统结构严重失衡，河道功能退化。

根据现场走访调查及勘查，细河河道局部地段淤泥层最大厚度可达 1.2～1.5m，平均淤泥层厚度预计 0.3～0.6m。

现场实地调查发现，绿化植物种植有一定的效果，有一定的绿化程度。但没有统一的绿化方案，造成了项目区内植物种植杂乱无章，植物品种单一化，季节性植物变化无特点。

细河铁西段三环至四环区间，河道污染源来源既有历史原因，也有管理原因。经现场调查明确的污染源有沿河雨水口初期雨水、排污口污水等点源；同时水面、水边堆积大量的生活、生产垃圾产生面源污染。

1）点源调查

经调查，细河沿河共有排污（水）口 19 处，其中，3 处排放生活污水（临时排放 1 处），1 处企业废水，8 处雨水排放口，5 处废弃排口，2 处无主排口。细河三环—四环段入河排污口形式有单一管道形式钢管、砼管、聚乙烯（PE）波纹管及混凝土暗渠入河、管排＋硬防护相结合入河，现场图见图 5-72～图 5-75。

(a)　　　　　　　　　　　　　　　　　(b)

图 5-72　细河三环—四环段入河排污口形式（钢管）

(a) 砼管　　　　　　　　　　　　　　(b) PE波纹管

图 5-73　细河三环—四环段入河排污口形式

图 5-74　细河三环—四环段入河排污口形式（混凝土暗渠入河）

图 5-75 细河三环—四环段入河排污口形式（管排 + 硬防护相结合入河）

生活污水和工业废水均未进行有效处理，对细河水体影响较大。雨水排放口前未设置初期雨水处理装置，初期雨水内污染物较多，对水质有潜在影响。

2）面源调查

通过调查，进入项目区河段水体内的面源污染主要是沿河垃圾，落叶经降雨、降雪冲刷后进入河道，通常具有明显的区域和季节性变化特征。

3）内源调查

细河内源污染主要是底泥污染，尤其存在重金属污染。通过底泥采样检测，河道底泥重金属污染现状为：比照《土壤环境质量　农用地土壤污染风险管控标准（试行）》（GB 15618—2018）中三级标准，20cm 表层土中 Cd 为重度污染，超标点位 100%，平均超标 4.03 倍；表层土 Hg 为轻度污染，超标点位 26.7%，平均超标 1.21 倍；表层土 Pb 为轻度污染，超标点位 6.67%，平均超标 47%。40cm 点位土中 Cd、Pb 基本不超标。以上数据表明，项目区河道内底泥存在着严重的重金属污染问题，尤其是 Cd 污染严重。

细河底泥采样检测结果见表 5-20。

表 5-20　细河三环—四环段底泥采样检测结果（mg/kg）

点位	采样层	点位位置	铜	锌	铅	镉	铬	镍	汞	砷
3#	上层	浑蒲干渠分离处	331	374.5	156.2	15.86	97	79	1.46	2.56
5#	上层	细河桥下游 50m	270	71.2	113.2	8.74	103	71	3.23	4.15
6#	上层	小渔村桥下游桥下	183	366	72.2	6.82	57	36	0.248	2.00
8#	上层	曹后公路上游 1m	29	88.4	29.6	2.70	63	38	0.182	2.95

续表

点位	采样层	点位位置	铜	锌	铅	镉	铬	镍	汞	砷
9#	上层	开发二十二号路上游100m	311	215.0	86.3	3.95	130	50	0.308	3.11
10#	上层	浑河十五街下游20m	36	125.4	144	2.64	56	29	0.252	3.14
11#	上层	曹后路上游20m	24	73.3	156.9	3.19	22	22	0.900	0.77
12#	上层	浑河十八街上游600m	87	174.2	334.9	5.92	71	62	2.780	0.56
13#	上层	浑河十八街上游10m	46	107.4	81.4	1.66	128	42	0.289	1.38
	中层		28	86.3	95.8	3.06	79	44	0.284	1.48
	下层		37	89.1	733.9	6.00	93	42	0.660	3.33
14#	上层	浑河十八街桥下游700m	35	107.4	147.4	5.88	55	38	1.400	2.08
15#	上层	浑河十八街桥下游1200m	35	77.0	91.9	2.07	32	30	0.352	2.69
16#	上层	四环桥上游30m	58	132.5	141.5	3.00	71	46	0.285	0.09
	中层		45	125.1	346.8	4.00	84	46	0.209	3.06

4）其他污染源调查

经调查和查询资料可知，细河水源来源于上游仙女河污水处理厂。污水经过处理后全部排放至细河，总处理能力为每天40万t，出水连续排放，出水流量4.8m³/s。污水处理采用曝气生物滤池工艺，出水达到《城镇污水处理厂污染物排放标准》（GB 18918—2002）二级排放标准。

目前，该厂日处理水量40万t左右，属满负荷运行，处理水质能够达到二级排放标准。污水处理厂北墙外的细河有三个排放口，分别是该单位污水处理后的排水口（有水排放）和事故排放口（无水排放）、市政污水排放口（有水排放）。目前仙女河污水处理厂外细河的市政污水排放口出水水质很差，出水口有难闻气味。

此外，目前由于该污水处理厂处理能力不能完全满足上游污水来水的水量要求，所以有部分污水没有经过污水处理厂，在污水处理厂下游与处理过的污水混合在一起排放，一定程度上影响了细河的水质，污水处理厂下游水量约为6m³/s。

5）环境条件调查

项目区河道目前主要是混凝土护岸，硬质护岸限制了岸带生态自然修复。河道现有细河进水闸至余良桥下游1km河段，2002年进行改造，建成1.5km矩形河槽，浑河十五街桥河段至四环桥已建成。其他河道两岸均建有混凝土护岸，护岸对面源污染拦截较少，降雨带来的污染物直接进入河道，增加河道污染负荷。此外，硬质护岸隔离河流与土壤水体交换，不利于水生态系统修复。

此外，整个河道两岸及水体内生物品种较为单一，没有形成完整的生物群落，存在蓝藻暴发的可能，整个生态系统极为脆弱。

　　项目区两岸及河道内植物较少，覆盖度低，两岸植物无法起到面源拦截作用。

　　细河铁西段河道 20 年一遇排涝流量为 25～49m³/s，河道冲刷深度 1m 以内。

细河三环—四环段周边环境现状见图 5-76。

图 5-76　细河三环—四环段周边环境现状

5.5.5　问题分析

　　通过综合分析，细河二环—四环段河道主要存在以下问题：污染严重、底泥淤积、生态孱弱。

　　1. 水体黑臭，水质污染严重

　　1）外源污染负荷大

　　生活污水、工业废水直接排入河流，加重了水体的污染负荷。此外，周边耕地等面源污染伴随地表径流等汇入河道也严重增加了水体污染负荷。

　　2）内源污染难处理

　　多年污染物累积，导致项目段河道底泥富集大量营养元素，该类元素源源不断地从底泥内释放进入水体，加剧水体黑臭现象。

2. 细河铁西段河道底泥重金属超标，对周围土壤和地下水有潜在影响

细河铁西段河道底泥重金属超标情况与细河于洪段相同。

3. 混凝土护岸限制了岸带生态自然修复

项目区河道现有细河进水闸至余良桥下游 1km 河段，2002 年进行改造，建成 1.5km 矩形河槽，浑河十五街桥河段至四环桥已由沈阳市水利勘测规划院进行护岸工程设计，并开始施工。两处护岸改造工程较大，不宜再进行改造。其他河道两岸均建有混凝土护岸，护岸对面源污染拦截较少，降雨带来的污染物直接进入河道，增加河道污染负荷。此外，硬质护岸隔离河流与土壤水体交换，不利于水生态系统修复。

4. 河道内外生态系统屏弱，亟需岸带修复

项目区河道底泥、水体均存在较为严重的氨氮、重金属等有毒有害物质浓度超标的问题，且水体浑浊、透明度低、水体自净能力差，无法消纳入河污染物，致使整个河道两岸及水体内生物品种较为单一，没有形成完整的生物群落，存在蓝藻暴发的可能，整个生态系统极为脆弱。

项目区两岸及河道内大部分的植物多为地方原生物种，观赏性较差。少量的景观植物、植物小品等也未经过统一的规划建设，加之项目区河道生态系统极为脆弱这一大前提，整个两岸植物还无法与水体、河道一起构建和谐统一的水生态景观，远未达到"岸美"的要求。

5.5.6　综合整治内容

1. 整治技术选择原则

细河黑臭水体拟治理段位于沈阳市人口较密集地区，目前水质黑臭、植被群落缺失，河水臭味明显，不仅影响整体水环境及景观效果，同时河水黑臭也给两岸居民带来困扰。鉴于细河（二环至三环段）现状存在的种种问题，黑臭水体整治必须采用系统综合方案、合理工艺技术，按照"控源截污、内源治理、活水循环、清水补给、水质净化、生态修复"的基本技术路线，采用控源截污工程、清淤工程、护岸工程、生态治理工程等措施进行整治。控源截污工程作为本工程整治的前提和基础，解决了黑臭水体外源污染、点源污染难点，清淤、护岸等工程的建设是为了解决黑臭水体内源污染、自净能力难点，更好地完善细河自然水体的自净能力，提供水体自身免疫系统。在控源截污工程实施后，当有少部分污水排入的时候，不管是未能够截住的少量污水，还是随雨水一同流进的大量雨污水，能够通过直接净化体系把这种污染快速净化掉，让净化速度大于污染速度，让河

道从"自污"状态变成快速"自净"状态，这样才能快速地扭转长期存在的黑臭现象，全面提升河道景观与城市景观。

2. 整治技术选择

根据《城市黑臭水体整治工作指南》，细河二环—四环段黑臭水体整治技术主要集中在控源截污、内源治理、清水补给和生态修复方向上。其中内源治理和生态修复是本次治理重点。

本工程是以河道为主线的水系治理工程，以净水和城市防洪安全为主，通过截污控源、底泥清淤和岸线修复等措施，在河道水质达到相关要求和满足设计防洪标准的前提下，对河道进行绿化及生态建设。结合河道行洪、景观等功能，注重蓄水主槽岸线及水边际线景观的丰富性。根据城市布局，局部重点段形成水面景观，为满足人们亲水近水要求，根据现状河道宽度、水面高程等条件设置亲水步道、亲水平台等设施。河道设置多级复式断面，除蓄水主槽外，其余均为生态绿化带。规划河道两岸生态绿地，根据其功能的不同，设置不同的防洪标准。按照保护对象的规模、重要性和防护要求，整治后河槽防洪能力满足远期规划标准。

3. 控源截污工程

1）细河于洪段控源截污工程

（1）仙女河泵站。

设置一条 $D = 1.2$m，$L = 1696$m 的截污管线，工程起点为现状 $D = 1.8$m 截污管道，终点为现状 2.8m×2.4m 细河截流暗渠，沿线经过吉力湖街、细河北路，管线走向由东向西，将（合流）污水截污至细河截流暗渠，从而解决仙女河泵站出水口排污造成细河污染的问题。

根据仙女河泵站运行外排资料，日平均外排量约为 18 万 t/d，其中转输至南部污水厂的水量为 8 万 t/d，经于洪区城市建设局协商，通过于洪新城内的排水设施将剩余水量截污至西部污水处理厂（简称"西污"）二期，因此，设计截污流量为 10 万 t/d。管线位于细河南、北岸水域边界线外 5m。细河仙女河泵站控源截污工程截污管道示意图见图 5-77。

（2）仙女河污水泵站。

设置一条 $D = 1.8$m，$L = 425$m 的截污管线，工程起点为大堤路已设计 $D = 1.5$m 管道，终点为大堤路现状 $D = 1.8$m 管道，沿大堤路穿沈阳绕城高速公路、浑蒲总干，自东向西，经细河西侧的西污泵站（$Q = 1.5$m³/s）提升，将污水截污至大堤路 $D = 1.5$m 现状污水管道，最终到西部污水厂二期，从而解决仙女河污水泵站排污造成细河污染的问题。细河仙女河污水泵站控源截污工程截污管道示意图见图 5-78。

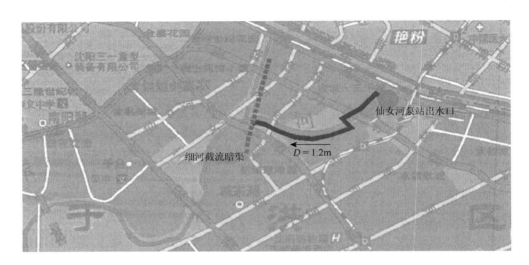

图 5-77　细河仙女河泵站控源截污工程截污管道示意图

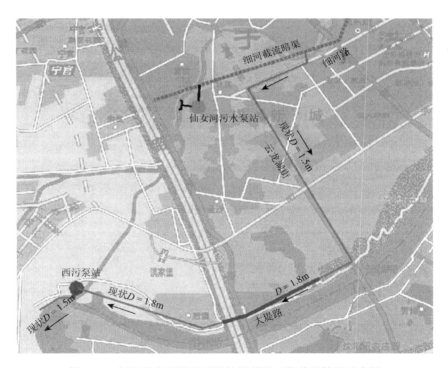

图 5-78　细河仙女河污水泵站控源截污工程截污管道示意图

（3）沿线预留。

细河沿线设置 $D = 0.5m$ 的截污工作管线，末端分别接入仙女河路、云龙湖街、细河路现状污水管道，从而达到控源的目的。细河沿线预留控源截污工程截污管道示意图见图5-79。

2）细河铁西段控源截污工程

截污工作进行了前期应急处理。具体处理工作见图5-80。

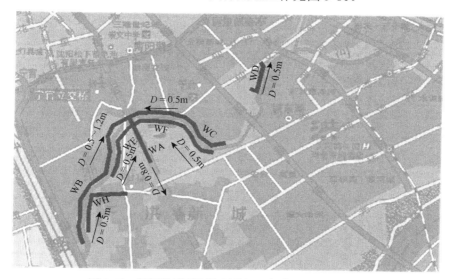

图5-79　细河沿线预留控源截污工程截污管道示意图

细河三环桥下游左岸一后误居民排水已并入管网

细河三环桥下游右岸已封堵

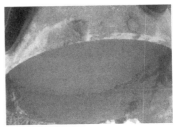

细河三环桥下游右岸三环排水口已封堵

浑河四街桥下游已封堵

浑河十五街新沈辽路泵站
应急口已并入管网

浑河十五街新沈辽路泵站排水口
已并入管网，保留泄洪备用

曹后路桥处已封堵

浑河十七街上游已封堵截流

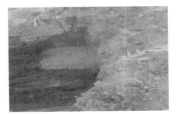

浑河十七街处已封堵

浑河十八街上游已封堵

图 5-80　细河铁西段三环—四环点源治理现场

4. 内源治理工程

1) 细河于洪段内源治理工程

通过沈阳环境科学研究院对细河二环至三环段沿岸的现场踏勘调查，并根据调查结果对现场情况认真分析研究，得出如下处理方案。

(1) 生物残体及漂浮物清理。

城市水体水生植物和岸带植物的季节性落叶及水面漂浮物皆需要清捞维护，该清理工作由人工乘坐小船进行，于现状岸顶就地处理填埋。

(2) 底泥处理。

根据沈阳市城乡建设委员会、沈阳市城乡建设局及专家论证意见，河道污泥处置采用污泥原位修复技术，通过添加药剂实现泥水共治，减少河道污泥内源污染并同步治理水体，可在原地快速分解淤泥中积累的多种污染物，修复和重建与之相匹配的生态系统，恢复边沟长期自净能力。

本次细河干流底泥处理方式采用原位钝化治理方式，该治理方式已被沈阳市有关部门认可。考虑到水质及底泥的检测结果，结合环保及上级相关单位污泥及水体整治成功经验，选择药剂并按其使用说明进行投撒。

(3) 河底疏浚平整。

根据实测资料，现状细河河底高程起伏较明显，存在多处逆坡情况，尤其是杨士村涝灾易发区段尤为明显，建议对该种情况的河底进行内部平整，以达到一个良好的水力坡降条件。清淤后河底与河道上下游河底平顺连接，采用河底内部平整措施，挖填尽量平衡，保证回填段上下游河底同样平顺相接。

2) 细河铁西段内源治理工程

细河清淤按照桥梁桥底板高程并结合河道内淤泥深度进行河道清淤。清淤厚度满足细河排水要求和污染物消减要求。清淤后河道底宽 12～32m。

考虑到河道底部清淤后，砂土层暴露，增加河道渗漏量，为了保持河道水面和减少河道内污染物转移至河水中，河道采用防渗膨润土防水毯，防渗范围为全断面防渗。

底泥安全处理设计分为疏浚底泥、泥沙筛分、淤泥脱水、固化稳定化搅拌、尾水处理、资源化利用、底泥堆场等七部分内容。经固化稳定化后的底泥达到

《危险废物鉴别标准 浸出毒性鉴别》（GB 5085.3—2007）标准，之后进行资源化利用。淤泥脱水液、沙石淋洗液中重金属含量超标，需要进行处理，主要污染物 Cd、Hg、Zn 浓度应达到《地表水环境质量标准》（GB 3838—2002）中Ⅴ类水标准。

具体流程详见图 5-81。

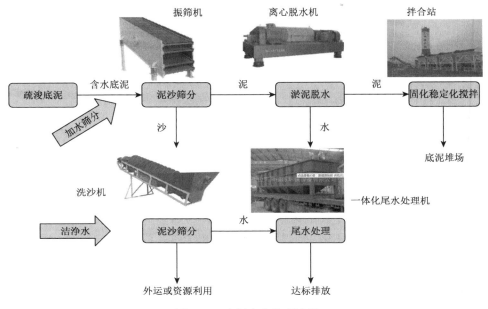

图 5-81　底泥安全处理流程

内源治理主要包括清淤工程、底泥处理工程两类，主要工程量见表 5-21。

表 5-21　内源治理工程量表

工程名称		单位	工程量
清淤工程	河道污泥清淤 2km	m³	98711.00
	边坡土方开挖	m³	22396.00
	生活垃圾清运（运距 10km）	m³	13000.00
底泥处理工程	尾水处理量	m³	64227.00
	污泥脱水	m³	98711.00
	泥沙筛分	m³	177620.00
	固化稳定化处理	m³	71751.50
	砂石淋洗	m³	22090.00

5. 生态修复工程

1）细河于洪段生态修复工程

岸带修复用于已有河岸的生态修复，属于城市水体污染治理的长效措施。细河治理工程护坡采用生态护坡技术，护坡上的植被可以恢复被破坏的生态环境，促进有机污染物的降解，净化空气，调节小气候。巢室有加筋带固定，巢室内填种植土并铺草皮。边坡比为 1∶2.0。支流卫工明渠延长段两岸现有混凝土板坡式护岸，根据实际情况保留水下部分混凝土防护，岸顶采用支柱式防腐木亲水台提升该段河道景观建设。细河标准断面效果图见图 5-82。

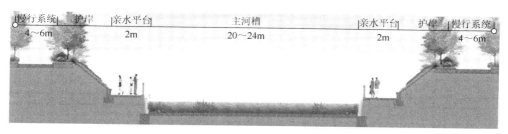

图 5-82　细河标准断面效果图

（1）钢筋笼直墙护岸。

设计主槽河岸采用钢筋笼直墙护岸型式，迎水面为阶梯型结构，共分 4 层，顶面为条形混凝土压顶，尺寸为 0.5m×0.2m，顶层钢筋笼钢筋伸入压顶。压顶以上设混凝土柱型栏杆，高度 1m，长、宽为 0.15m、0.15m，栏杆内穿插 2 道白钢管，管内灌注 C10 混凝土。

（2）亲水平台。

直墙压顶及栏杆一侧设 2m 宽亲水人行路，铺设透水步道砖，砖体尺寸为 236mm×110mm×60mm。亲水平台临近岸坡一侧设高 1100mm、宽 450mm 的钢筋笼护脚，埋入地下 600mm，顶面铺设防腐木板供游人坐下休息。支流卫工明渠延长段两岸现有混凝土板坡式护岸，根据实际情况保留水下部分混凝土防护，岸顶采用支柱式防腐木亲水台提升该段河道景观建设，景观亲水平台采用钢筋混凝土柱、梁，条形基础。木材均做防腐处理，梁侧、梁底及柱四周黄石板贴面。

（3）蜂巢土工格室草皮护坡。

细河干流整治段岸坡采用蜂巢土工格室草皮护坡，范围为亲水平台至岸顶慢行系统，防护全部干流两岸沿线。设计土工格室是一种高分子复合型结构环保蜂巢格栅，厚度 150mm，格室尺寸 290mm×340mm，采用锚钉固定于岸坡，巢室由加筋带固定，巢室内填种植土并铺草皮，边坡比为 1∶2.0。

2）细河铁西段生态修复工程

工程采用生态护坡改造原混凝土护坡。生态护岸采用格宾石笼结合加筋麦克垫形式,岸坡及河底铺放膨润土防水毯,河底防水毯上部铺设 300mm 厚砂卵石料;河道岸坡坡脚采用格宾石笼防护;坡面距设计河底高程 1.5m,采用格宾石笼防护;格宾石笼以上坡面铺设加筋麦克垫,再播撒草籽。

河道内水生态修复采用种植水生植物、低堰、曝气增氧设备以及三环桥下游设置一处拦污索。

两岸 8.9km 长滨岸带在河道管理范围内进行绿化提升,对重点桥梁节点进行水生态设计。

内源治理主要包括河道内水生态修复、生态护岸改造以及滨岸带修复工程提升三类,主要工程量见表 5-22。

表 5-22　生态修复工程量表

工程名称		单位	工程量
河道内水生态修复	水生植物种植	万 m^2	1.8
	低堰	座	7
	曝气增氧设备	套	2
	拦污索工程	套	1
滨岸带修复工程	绿化工程	km	17.8
生态护岸改造		m	9414

3）活水引入

在浑河灌区与细河并行段末端设置一座引水闸,引水闸流量 5m³/s。

6. 其他整治技术

为美化细河沿岸水系,通过设置曝气装置、慢行绿道、亮化照明、驿站及小广场等设施提高整体治理水平。生态曝气采用推流式太阳能曝气设备,于大通湖桥上游水面及南阳湖桥东侧水面,增加水体溶解氧;沿岸新建连续绿道 16.6km,为 4m 宽彩色沥青混凝土路面,两侧栽植植物,乔木为垂柳,株距 2m,灌木为丁香,株距 1m;二级驿站 4 座和三级驿站 3 座,6 处小型广场用于停车和摆放健身器材等配套设施。慢行绿道沿线座椅、垃圾桶、导示牌等设施均匀布置,采购成品安装,其中,座椅 72 个、垃圾桶 144 个、导视牌 16 个。

二级驿站轴线长 14.80m,宽 4.95m,总建筑面积 75.54m²。单层砌体结构,檐口标高 3.60m,室内外高差 300mm,不上人双坡屋面,青砖瓦（红色）保温屋面，无组织排水；三级驿站轴线长 15m，宽 3m，总建筑面积 54.28m^2，单层砌体结构，檐口标高 3.60m，室内外高差 300mm，不上人双坡屋面，青砖瓦（红色）保温屋面，无组织排水。

工程道路全长 8230m，断面形式：沿水系两侧慢行车道 4m。按支路照明标准设计，照度 10lx。

5.6　满堂河黑臭水体综合整治

5.6.1　流域概况

1. 水系概况

满堂河北起三环，南至新开河，途经山梨道口、后陵前堡、沈阳农业大学（简称"农大"）、东陵路、新开河；满堂河东三环至新开河段长度为 6.96km，见图 5-83。满堂河城区段河槽上开口宽度 8～35m，河道平均比降为 1.2‰，最大河道比降为 3.25‰，最小河道比降为 0.26‰，是一条特点鲜明的季节河。

图 5-83　满堂河河道平面位置图

满堂河全线两侧缺少截流管线，沿线村屯、工业企业、棚户区等污水直接排入明渠，沿线村屯旱厕粪便、生活垃圾等或直接排入明渠，或通过雨水汇入明渠，造成满堂河水质污染、周边环境恶化。

满堂河沿线有一座污水处理厂，为位于新开河北侧的满堂河污水处理厂，处理河上游转输的污水，经处理达到排放标准后作为景观补水重新排放至河内。

满堂河流经地区属温带大陆性季风气候，多年平均气温 6.8～8.1℃，极端最高气温 36.5℃，极端最低气温−31.5℃，冰层深度 1500mm。多年平均降水量为 520～680mm。目前仍存在着水体污染、垃圾污染、底泥淤积等一系列问题，尚未得到彻底解决。

2. 地质水文

马官桥周边地质情况如下：下游河滩地表层土壤为黏土，厚度 0.2～0.5m，下部为粉质黏土，厚度 1.0～2.0m。地下水属于第四纪冲积潜水，地下最浅水层深度约为 3.0m。

地层描述如下。

杂填土①：松散，主要由黏性土、砂土、砖头、碎石、生活垃圾、建筑垃圾、炉渣等组成。该层在场区普遍分布，厚度不均匀。层底埋深 0.7～7.1m，厚度范围 0.7～7.1m。

素填土①1：松散，主要由砂土、黏性土等组成。该层在场区分布不连续，厚度不均匀。层底埋深 0.8～8.8m，厚度范围 0.7～4.4m。

粉质黏土②：黄褐色，硬可塑状态，湿，稍有光泽，无摇振反应，干强度中等，韧性中等，含铁锰质结核和少量云母，局部地段含黏土夹层。该层在场区不连续，厚度不均匀。可见层底埋深 1.9～5.7m，可见厚度范围 0.3～3.6m。

粉质黏土②1：灰、灰黑色，软塑状态，湿，稍有光泽，无摇振反应，干强度中等，韧性中等，有高压缩性，局部地段含有机质土、黏土夹层。该层在场区不连续，厚度不均匀。可见层底埋深 2.0～7.3m，可见厚度范围 0.1～3.1m。

粉质黏土②2：黄褐、灰色，硬可塑状态，湿，稍有光泽，无摇振反应，干强度中等，韧性中等，含铁锰质结核。该层在场区不连续，厚度不均匀。可见层底埋深 5.1～15.0m，可见厚度范围 1.0～8.3m。

粉质黏土②2-1：灰色，软塑状态，湿，稍有光泽，无摇振反应，干强度中等，韧性中等，局部地段含有机质土夹层。该层在场区不连续，厚度不均匀。可见层底埋深 6.3～7.2m，可见厚度范围 1.1～5.0m。

粉质黏土②3：灰色，硬可塑状态，湿，稍有光泽，无摇振反应，干强度中等，韧性中等，局部地段含有机质土夹层。该层在场区不连续，厚度不均匀。可见层底埋深 8.0～12.9m，可见厚度范围 1.3～5.7m。

中砂③：黄褐色，稍密状态，稍湿，颗粒均匀。矿物成分以石英、长石为主。该层在场区分布不连续，厚度不均匀。可见层底埋深 2.3～15.0m，可见厚度范围 0.2～3.5m。

粗砂④：黄褐色，稍密状态，湿～饱和，颗粒较均匀。矿物成分以石英、长石为主，局部地段夹薄层黏性土。该层在场区分布不连续，可见层底埋深 3.3～8.8m，可见厚度范围 0.4～3.9m。

砾砂⑤：黄褐色，中密状态，湿～饱和，颗粒不均匀。矿物成分以石英、长石为主，局部地段夹薄层粉土。该层在场区分布不连续，可见层底埋深为 3.5～10.2m，可见厚度范围 0.5～5.8m。

圆砾⑥：松散状态，颗粒不均匀，磨圆度较好，呈亚圆形，分选性一般。母岩以火成岩为主，颗粒间由中、粗砂充填。一般粒径 2mm，可见最大粒径 20cm。该层在场区分布不连续，可见层底埋深 5.0～10.0m，可见厚度范围 0.8～4.1m。

圆砾⑥1：中密状态，颗粒不均匀，磨圆度较好，呈亚圆形，分选性一般。母岩以火成岩为主，颗粒间由中、粗砂充填。一般粒径 2mm，可见最大粒径 20cm。该层在场区分布不连续，可见层底埋深 4.3～10.0m，可见厚度范围 0.9～5.0m。

圆砾⑦：中密状态，颗粒不均匀，磨圆度较好，呈亚圆形，分选性一般。母岩以火成岩为主，颗粒间由中、粗砂充填，局部地段夹薄层黏性土。一般粒径 2mm，可见最大粒径 20cm。该层本次勘察部分钻孔未穿透，最大揭露厚度 10.3m，最大揭露深度 15.0m。

砾砂⑦1：黄褐色，中密状态，饱和。颗粒不均匀，矿物成分以石英、长石为主。该层在场区分布不连续，可见层底埋深为 9.4～12.5m，可见厚度范围 0.4～3.9m。

根据地勘报告，在钻孔内见地下水，北部场地地下水类型为黏性土中的上层滞水，初见水位 2.5～2.9m，标高 56.49～57.12m；上层滞水稳定水位埋深介于 2.6～3.0m，标高 56.51～57.25m，受季节影响水位变幅较大。南部场地地下水类型为碎石土及砂类土中的潜水，初见水位 3.9～7.8m，标高 40.75～46.34m；潜水稳定水位埋深介于 4.0～7.6m，标高 40.82～46.01m。沈阳地区地下水年水位变幅 1.0～2.0m，地下水的补给方式为地表水（辉山明渠）侧渗、大气降水、地下水径流；排泄方式主要为地下水径流、人工抽水。本工程为管线工程，设计抗浮水位可按各工段稳定水位上浮 2.0m 考虑。管线施工时，可采用管井结合集水井进行降水。

根据水质分析结果，判定该地下水对混凝土结构有弱腐蚀性，对钢筋混凝土结构中的钢筋具有微腐蚀性；判定该辉山明渠河水对混凝土结构有弱腐蚀性，对钢筋混凝土结构中的钢筋具有微腐蚀性；判定环境土对混凝土结构、钢筋混凝土结构中的钢筋有微腐蚀性。

5.6.2 整治前水质情况

满堂河黑臭水体整治方案的水质检测范围为三环至新开河，河道全长共计 6.98km。满堂河地表水环境质量监测断面数据见表 5-23。

表 5-23 满堂河地表水环境质量监测断面数据（mg/L）

项目	COD$_{Cr}$	BOD$_5$	高锰酸盐指数	氨氮	总磷	石油类	挥发酚	阴离子表面活性剂
全河段均值	42	13	7.3	7.63	1.13	0.08	0.67	0.43

5.6.3 黑臭程度分级

引用《沈阳市运河水系综合治理工程（清淤工程）环境影响报告书》中的内容：2015 年《沈阳市环境质量报告书》中满堂河水质监测结果显示，满堂河全河段仅高锰酸盐指数、石油类、挥发酚和阴离子表面活性剂 4 个水质指标符合《地表水环境质量标准》（GB 3838—2002）中的Ⅳ类标准限值，其余指标 COD$_{Cr}$ 全河段均值超标倍数为 1.40 倍，BOD$_5$ 全河段均值超标倍数为 2.16 倍，氨氮全河段均值超标倍数为 5.08 倍，总磷全河段均值超标倍数为 3.77 倍。

根据水质检测结果，结合沈阳市城乡建设委员会《关于沈阳市运河水体和黑臭水体治理公示》中沈阳市水系综合治理及黑臭水体治理清单确定满堂河水体水质达到黑臭水体重度黑臭级别。

5.6.4 污染源调查

1. 点源调查

满堂河沿线共存在污水直排口 6 处，分别为：①富友家园排污口；②农贸市场排污口；③农大北生活区排污口；④农大南生活区排污口；⑤保利达回迁楼排污口；⑥农大生活区排污口。各污染源位置见图 5-84。

1）富友家园排污口

富友家园位于浑南区东陵路 139-1 号，该排污口位于满堂河东岸，古井路富友家园西门，富友家园所产生的生活污水通过 $D = 0.3$m 污水管道直接排入满堂河内，排水流量为 467t/d。富友家园排污口位置示意图见图 5-85。

图 5-84　点源污染位置分布图

图 5-85　富友家园排污口位置示意图

2）农贸市场排污口

农贸市场临近浑南区东陵路，该排污口位于满堂河东岸，古井路农贸市场后身，农贸市场所产生的生活污水通过 $D = 0.3m$ 污水管道直接排入满堂河内，排水流量为38t/d。农贸市场排污口位置示意图见图 5-86。

图 5-86　农贸市场排污口位置示意图

3）农大北生活区排污口

该排污口位于东陵路北侧，马官桥北 50m，满堂河东岸，污水来自满堂河东岸农大北生活区居民生活用水，所产生的生活污水通过 $D = 0.6m$ 污水管道直接排入满堂河内，排水流量为 870t/d。农大北生活区排污口位置示意图见图 5-87。

4）农大南生活区排污口

该排污口位于东陵路南侧，马官桥南 60m，满堂河东岸，污水来自满堂河东岸农大南生活区居民生活用水，所产生的生活污水通过 $D = 0.3m$ 污水管道直接排入满堂河内，排水流量为 367t/d。农大南生活区排污口位置示意图见图 5-88。

5）保利达回迁楼排污口

该排污口位于东陵路南侧，马官桥南 200m，满堂河东岸，污水来自满堂河西岸保利达回迁楼居民生活用水，所产生的生活污水通过 $D = 0.3m$ 污水管道直接排入满堂河内，排水流量为 378t/d。保利达回迁楼排污口位置示意图见图 5-89。

6）农大生活区排污口

该排污口位于满堂桥南 80m，满堂河西岸，所产生的生活污水通过 $D = 0.3m$ 污水管道直接排入满堂河内。排水流量为 373t/d。农大生活区排污口位置示意图见图 5-90。

图 5-87　农大北生活区排污口位置示意图

图 5-88　农大南生活区排污口位置示意图

图 5-89　保利达回迁楼排污口位置示意图

图 5-90　农大生活区排污口位置示意图

各排污口流量详见表 5-24。

表 5-24　满堂河沿线排污口流量表

序号	名称	水量（t/d）
1	富友家园排污口	467
2	农贸市场排污口	38
3	农大北生活区排污口	870
4	农大南生活区排污口	367
5	保利达回迁楼排污口	378
6	农大生活区排污口	373

满堂河沿线的 6 个排污口污水主要是城镇生活污水，污水出水口流量较小、水质和水量波动不大、冲击较小。

2. 面源调查

满堂河沿线有垃圾随意倾倒情况，在降水作用下，溶解和固体污染物通过径流过程而汇入满堂河，致使明渠污染较重，严重影响周边环境。满堂河垃圾污染现场照片见图 5-91。

图 5-91　满堂河垃圾污染现场照片

3. 内源调查

满堂河河道曲折蜿蜒，每到汛期行洪时水土流失严重。同时由于附近村屯垃圾倾倒和多年生活污水的排放及常年自然沉积，河道底部聚积了大量淤泥，增加了河道的内部污染源，并缩窄河道断面，天气炎热时散发出难闻的刺鼻气味。

河道内污染物沉积形成一定厚度的淤泥，河道内堆积垃圾、植物残体，局部河道中有建筑垃圾和石块。为了改善人文环境，给居民一个舒适的生活条件，河道清淤势在必行。

底泥检测结果见表 5-25。

表 5-25　满堂河底泥检测结果（mg/kg*）

检测项目	检测结果				
	1#	2#	3#	4#	5#
铜	21.0	40.3	26.6	20.6	20.9
锌	96.3	116	128	74.2	82.9
铅	22.7	13.3	24.9	24.6	23.5
镉	0.14	0.11	0.18	0.13	0.13
铬	63.8	48.5	69.9	64.8	59.2
镍	24.2	15	26.7	24.2	22.8
汞	0.105	0.062	0.135	0.097	0.091
砷	6.6	3.6	6.0	6.0	4.3
含水率（%）	28.6	23.1	34.2	34.5	41.2
pH（无量纲）	7.2	7.3	7.5	7.1	7.4
总氰化物	<0.5	<0.5	<0.5	<0.5	<0.5
有机质（g/kg）	30.1	15.2	27.2	22.8	11.7
全氮	1560	886	1520	1370	1290
全磷	861	383	595	589	616
矿物油	3740	137	383	150	627
总石油烃 $C_6 \sim C_9$	0.9	<0.5	0.7	<0.5	<0.5
总石油烃 $C_{10} \sim C_{14}$	42	14	15	10	<10
总石油烃 $C_{15} \sim C_{28}$	1960	296	1070	100	1360
总石油烃 $C_{29} \sim C_{36}$	525	77	273	71	667
六六六	<0.1	<0.1	<0.1	<0.1	<0.1
滴滴依	<0.1	<0.1	<0.1	<0.1	<0.1
滴滴滴	<0.1	<0.1	<0.1	<0.1	<0.1
滴滴涕	<0.1	<0.1	<0.1	<0.1	<0.1

*该单位不适用于含水率、pH 和有机质

4. 其他污染源调查

河道两侧垃圾成堆，两岸生活垃圾随意丢弃，侵占河床，护岸受到不同程度的破坏，河道污染严重、淤积严重，河道受到严重破坏；河道两侧垃圾污染也导致其周边生态遭到破坏；呈现"脏、乱、差"，苍蝇、蚊子大量滋生，严重影响周围民众的生活质量，见图 5-92。水质恶化，底泥也受到污染，含有大量难降解有机物，同时泥裸露于水面，河道库容减小，已严重阻塞河道行洪、排涝。泄洪通道变窄，河道行洪面积减小，形成过水瓶颈，上游来水流量大、流速较快时，容易发生河面上升，影响行洪、排涝。

图 5-92　满堂河污染现场照片

5. 环境条件调查

1）周边环境特征

满堂河北起三环，途经后陵堡、富友家园、农大生活区、东陵路、保利达回迁楼，南至新开河。

满堂河为明渠，东侧为三环，西侧为马宋公路、金家街、沈水路，明渠两侧主要有后陵堡、富友家园、农大生活区、保利达回迁楼，小区建筑群为高层建筑，村屯建筑群为一层、二层建筑。

满堂河是沈阳东部水系的重要河流，流经东陵景观路马官桥断面后，与新开河交汇，在榆树屯进入浑河。随着城市发展的需要，人们对环境的要求越来越高，对进一步提高沈阳城市环境质量的需求也越来越迫切，满堂河的水质改善对沈阳整体水环境改善的影响不可忽视。

2）水文条件

地下水类型为砂类土、碎石土中的潜水，局部略具承压性。初见水位为 2.7～7.8m，初见水位标高为 60.05～61.01m。稳定水位为 2.9～7.3m，稳定水位标高为 46.22～65.25m。其补给来源主要为河水（满堂河）侧渗及大气降水渗透、地下水径流。局部地段黏性土中见上层滞水，上层滞水水位受季节影响较大，施工时应注意其影响。根据沈阳地区经验，正常情况下，本区域潜水水位年变幅为 1.0～2.0m。

3）水体岸线硬化状况

满堂河河岸两侧基本无堤防，沿河两岸部分为工厂及村民区，部分为居民住宅小区。由于河道常年淤积，岸坡出现陡坎，当发生 20 年一遇洪水时，局部段河道泄洪能力下降，洪水将出现漫溢，陡坎脱落，危及两岸居民及工厂的生命和财产安全。

4）水体污染与影响

满堂河为沈阳市区内东部重要水系之一，农大校区及其试验田均在河东岸。随着沈阳东部地区的建设与发展，满堂河在沈阳市生态环境建设中将起到越来越重要的作用。

由于河道沿线污染源管控不够严格，该河流目前存在河流污染严重、沿途居民随意倾倒垃圾以及随意排放生活污水等问题。为了解决满堂河水体黑臭等问题，充分发挥其应有的生态调控作用，必须采取以污水资源合理利用与减轻浑河污染为目标，结合沈阳市城市整体规划与城市建设规划，以生态工程为主要手段的综合整治措施，达到净化河流、减少排向浑河的污染物总量、建设沿河两岸独特的生态景观、扩大城市水面与绿地面积、改善沿途生态环境与人居环境的目的。

5.6.5　问题分析

目前满堂河存在以下环境问题：

（1）沿线居民区、村屯生活污水直排入河，造成河水水质污染严重。

（2）沿河村屯生活垃圾、废弃物随意堆放和直接倾入河道。

（3）河流底泥黑臭、河水浊度大、腐殖物覆盖河床，水体呈现不悦颜色并散发令人不适气味。

（4）河道断面狭窄、淤积严重，生态景观效果差。

原因分析：

（1）满堂河部分河道沿线有截污管道，但仍有污水管道未接入情况，部分河道沿线两侧缺少污水截流管线。

（2）村屯内基础设施建设不完善，缺乏统一管理。

（3）河道长期超负荷污染导致底泥纳污堆积，底泥污染了上面的河水，使水质恶化。

（4）河道长年不整修、淤泥长年不清除，河流淤积严重，流速缓慢，河床底部有机污泥沉积和厌氧发酵是水体黑臭的直接原因。

（5）沿线居民利用河岸滩地建设房屋、种植作物、堆放杂物，侵占河道行洪空间。

5.6.6　综合整治内容

1. 整治技术选择

根据满堂河的污染现状及主要的污染源制定技术路线，见图 5-93。

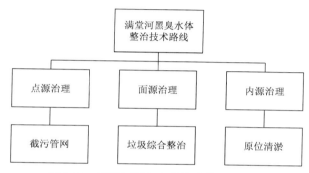

图 5-93　满堂河黑臭水体整治技术路线图

（1）点源污染治理工程，包括截污管网工程，对直排入河道的生活污水进行截污，对无法送入污水处理厂的污水通过小型污水处理站处理达标后排放。

（2）面源污染治理工程，通过垃圾综合整治工程，对农村垃圾集中收集、集中处理。

（3）内源污染治理工程，通过清淤（原位）工程，去除河道内的内源污染源。

2. 点源污染治理工程（截污管网工程）

1）富友家园、农贸市场排污口

在满堂河东岸新建一条 $D=0.5m$ 截污管线，起点后陵前堡，终点古井桥，排水方向由北向南，经过古井桥后接入西岸现状 $D=0.6m$ 截污管线内。富友家园、农贸市场排污口接入新建 $D=0.5m$ 截污管线，解决排污口直接排入河道问题。

2）农大北生活区排污口

农大北生活区排污口位于满堂河东岸，满堂河西岸现状有一条 $D=0.8m$ 截流管道，为农大北生活区排污口提供了排水条件。新建一条 $D=0.6m$ 截污管线，起点农大北生活区排污口，终点现状有 $D=0.8m$ 截流管道，排水方向由东向西，将农大北生活区污水排入现状截流管道，解决排污口直接排入河道问题。

3）农大南生活区排污口

农大南生活区排污口位于满堂河东岸，满堂河东岸现状有一条 $D=0.6m$ 截污管线，为农大南生活区排污口提供了排水条件。现状 $D=0.6m$ 截流管道与农大南生活区排污管交叉，在管道交叉处新建排水检查井，将农大南生活区排污管道接入现状 $D = 0.6m$ 截流管道，解决排污口直接排入河道问题。

4）保利达回迁楼、农大生活区排污口

保利达回迁楼排污口位于满堂河东岸，农大生活区排污口位于满堂河西岸，满堂河西岸现状有一条 $D = 0.8m$ 截流管道，为保利达回迁楼、农大生活区提供了排水条件。现状 $D = 0.8m$ 截流管道分别与保利达回迁楼、农大生活区排污管道交叉，在管道交叉处新建排水检查井，将保利达回迁楼、农大生活区排污管道接入现状 $D = 0.8m$ 截流管道，解决排污口直接排入河道问题。

3. 面源污染治理工程

满堂河流经沈河行政区，垃圾综合整治工作以区为责任主体，以改善水环境质量为核心，以百姓需求为导向，以群众满意为标准，以清理垃圾污染为重心，坚持政府主导、部门联动、全民参与、标本兼治、综合治理的原则。

沈河区明渠主要面源污染是河道周边的生活垃圾，工作重点是对满堂河河道垃圾、水面漂浮物进行全面清理。对沈河区域内河道垃圾进行拉网式排查，成立垃圾清理专项小组，制定沈河区河道垃圾清理实施方案。河道管理单位有计划、有重点地对河道内积存垃圾进行集中清理，依法依规排查向河道倾倒垃圾的行为。并实行旬报制度，将工作情况报送市水利局。

4. 内源污染治理工程

满堂河黑臭水体整治清淤工程初步方案为将河床上的底泥机械挖出后，择地统一进行处理，由于实际条件的限制，尚未选择出处理污泥的场地，通过现场调研综合考虑，最终选用"原位修复，泥水共治，恢复水体生态系统"技术。

在河道内投加新型高效物化凝聚剂，并使药剂与泥水充分混合反应，使得底泥得以修复，进而恢复河道的自净能力。新型高效物化凝聚剂主要由天然矿物质组成，通过凝聚、吸附、电化学、螯合等形式对河流底泥中重金属等有害物质进行固化，将底泥中封闭的营养物质释放出来并将其转化为可被微生物利用的有效营养物质，参与生态链的循环。同时提高底泥 ORP，形成类氧化塘，增强自净能力。

原位清淤范围北起三环（绕城高速），南至新开河，河道全长 6.98km。河底最大宽度约为 17m，最小宽度约为 3m，平均清淤深度为 0.5m，河道平均水深为 1m；在河道内投加新型高效物化凝聚剂，并使药剂与泥水充分混合反应，使得底泥得以修复，进而恢复河道的自净能力。

工程河道现状情况复杂，需要结合不同的工法以应对不同的断面。原位清淤泥水同治技术主要采用的工法有利用水陆（两栖）挖掘搅拌机作业、水上船体搅拌作业、挂桨机搅拌作业、高压水枪作业等。

（1）工法一：利用水陆（两栖）挖掘搅拌机作业。

适用范围：水、陆，适合在水位较低，泥位较深，从旱地至 6m 水深范围内的作业，在河宽 30m 以内的断面可进行作业。

适用环境：固废垃圾多，水位较低，泥位较深，采用水陆挖掘搅拌机进行处理。

（2）工法二：水上船体搅拌作业。

主要设备构成：绞吸船 + 船载搅拌设备。

主要作业流程：由绞吸船通过前端绞吸装置，将泥水抽入搅拌装置，搅拌反应结束后，返回河床，见图 5-94。

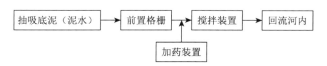

图 5-94　水上船体搅拌作业主要流程图

适用范围：河道有效水深 0.4～1m，河宽 30m 以上的断面作业。

（3）工法三：挂桨机搅拌作业。

适用范围：河道有效水深 0.2～1m 的断面作业。

由于靠近河岸区域淤泥深度较其他区域浅，所以在宽阔河道近岸区域也经常采用挂桨机搅拌作业。

（4）工法四：高压水枪作业。

满堂河施工工段情况详见表 5-26。

表 5-26　满堂河施工工段情况一览表

序号	起点	终点	长度（m）	施工工法
工段一	新开河（K0＋000.00）	马官桥（K1＋620.00）	1620	工法一、二、三、四
工段二	马官桥（K1＋620.00）	古井桥（K2＋700.00）	1765	工法二、三、四
工段三	古井桥（K2＋700.00）	沈吉线（K4＋600.00）	2036	工法一、二、三、四
工段四	沈吉线（K4＋600.00）	绕城高速（K6＋139.11）	1539	工法二、三、四

5.7　沈大边沟黑臭水体综合整治

5.7.1　流域概况

1. 水系概况

沈大边沟作为接入细河（于洪段）的一个支流，是细河流域的一部分，治理长度 4980m，流经沈阳市铁西区、于洪区，具体工程范围见图 5-95。

沈大边沟位于西环线与辅道之间，起点为沈新立交桥处的甲泵站（即沈新泵站），途经沈辽立交桥处的乙泵站（即沈辽泵站），终点至细河。

起点桩号 K0＋000.00（沈新泵站出口），终点桩号 K4＋980.00（细河）。边沟设计总长度为 $L = 4980m$。

桩号 K0＋000.00～K1＋045.00，采用断面 A1；桩号 K1＋045.00～K1＋065.00 处与宁官桥相交，为 3 排 $D = 2.0m$ 管道；桩号 K1＋065.00～K1＋516.58，采用断面 A2；桩号 K1＋516.58～K1＋561.54 处与沧海路相交，为 3 排 $D = 2.0m$ 管道；桩号 K1＋561.54～K2＋305.00，采用断面 A3；桩号 K2＋315.00～K2＋420.00 处与沈大公路收费口道路相交，采用断面 B1；在桩号 K2＋440.00～K2＋540.00 处与沈辽立交桥相交，边沟将从桥墩间通过，采用断面 C；桩号 K2＋705.00～K4＋980.00，采用断面 D，在桩号 K4＋257.99～K4＋301.83 处，采用断面 B2；边沟与方涵连接处及横断面尺寸变化处均设置渐变段和倒流墙，采用浆砌块石护砌，在桩号 K4＋980.00 处边沟汇入细河，两侧设置翼形护坡。断面图见图 5-96～图 5-102。

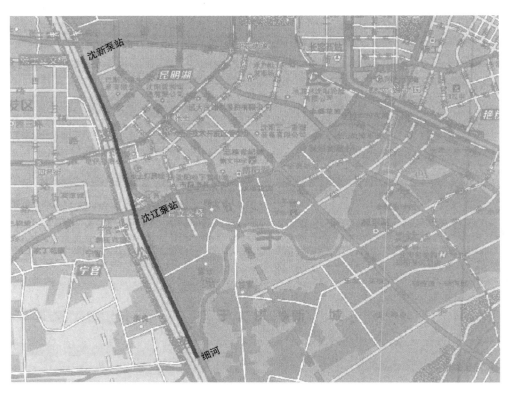

图 5-95　沈大边沟工程范围示意图

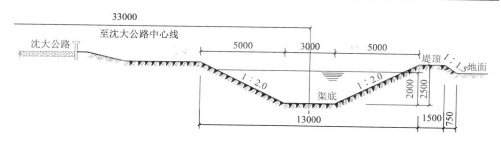

图 5-96　沈大边沟断面图：断面 A1（mm）

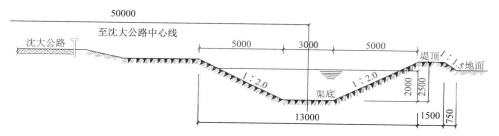

图 5-97　沈大边沟断面图：断面 A2（mm）

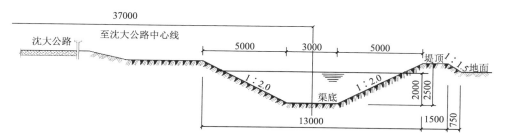

图 5-98　沈大边沟断面图：断面 A3（mm）

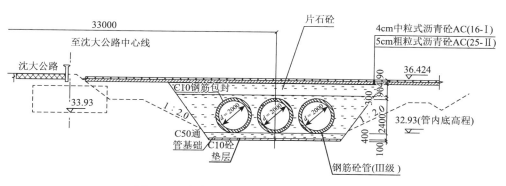

图 5-99　沈大边沟断面图：断面 B1（mm）

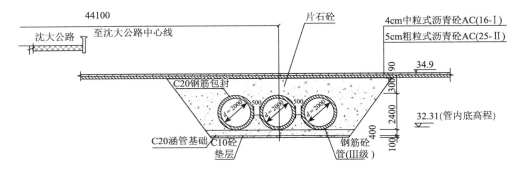

图 5-100 沈大边沟断面图：断面 B2（mm）

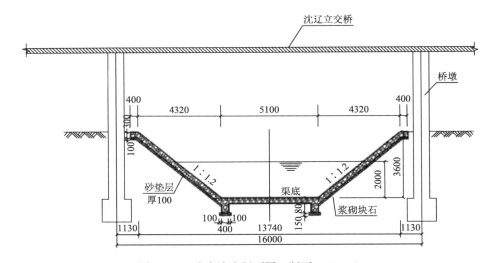

图 5-101 沈大边沟断面图：断面 C（mm）

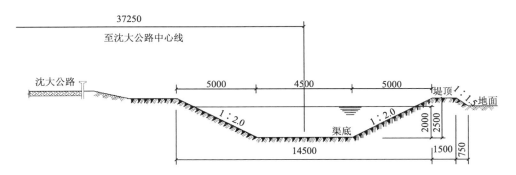

图 5-102 沈大边沟断面图：断面 D（mm）

边沟断面参数见表 5-27～表 5-29。

表 5-27 边沟断面 A 参数表

名称	设计参数
断面形式	梯形
断面底宽	3m
渠上口宽	13m
水深	2m
坡度	$i = 0.25‰$
边坡比	1：2.0
边坡护砌	草皮护坡
边沟超高	0.5m
堤顶宽	1.5m
过水流量	$Q = 9.8\text{m}^3/\text{s}$
流速	$v = 0.7\text{m/s}$

表 5-28 边沟断面 C 参数表

名称	设计参数
断面形式	梯形
断面底宽	5.1m
渠上口宽	13.74m
水深	2m
坡度	$i = 0.25‰$
边坡比	1：1.2
边坡护砌	浆砌块石
过水流量	$Q = 9.91\text{m}^3/\text{s}$
流速	$v = 0.66\text{m/s}$

表 5-29 边沟断面 D 参数表

名称	设计参数
断面形式	梯形
断面底宽	4.5m
渠上口宽	14.5m
水深	2m
坡度	$i = 0.25‰$
边坡比	1：2.0
边坡护砌	草皮护坡
边沟超高	0.5m
堤顶宽	1.5m
过水流量	$Q = 15.36\text{m}^3/\text{s}$
流速	$v = 0.768\text{m/s}$

图 5-103　沈大边沟现状排水系统

1）沈大边沟现状排水系统

排水系统由沈新泵站（甲泵站）、沈辽泵站（乙泵站）、$D=1.0 \sim 1.6m$ 污水出水管道构成，见图 5-103。

2）系统运行模式

系统的污水出口为 $D=1.6m$ 原西污进水管道，雨水出口为细河。

污水：于洪南里的污水通过甲泵站提升后经 $D=1.5m$ 污水管道接入乙泵站，乙泵站接力提升于洪南里的污水及其服务范围内张士一期地区的污水经 $D=1.6m$ 污水管道下穿沈大公路、沈大边沟向西接入西污进水管道。

雨水：甲、乙泵站将其汇水范围内的雨水提升接入沈大边沟后排入细河。

3）区域排水系统现状

（1）沈大边沟。

沈大边沟位于沈大公路与沈大辅道之间，起点为沈新泵站（甲泵站）的 2.2m× 2.0m 雨水出水暗渠，途经沈辽泵站（乙泵站）2.0m×1.5m 雨水暗渠接入，终点至细河，全长 4980m。沈大边沟起点及终点现场见图 5-104，沈大边沟现场见图 5-105。

(a) 起点

(b) 终点

图 5-104　沈大边沟起点及终点现场图

图 5-105　沈大边沟现场图

（2）污水出水管道。

$D = 1.0 \sim 1.6$m 污水出水管道位于沈大边沟东侧，起点为沈新泵站（甲泵站）$D = 1.5$m 污水出水管。

目前污水出水管道内淤积严重，影响污水排放。由于年久失修，检查井井筒及井盖破损严重，部分井盖被填土覆盖，严重影响排水管道的清掏、维护。

（3）甲泵站。

该泵站为污、雨水合建泵站。位于沈新路以南，沈大高速公路以东。服务范围为于洪南里。泵站规模：$Q_{污} = 1.1$m³/s、$Q_{雨} = 9$m³/s。泵站内污水水泵为 350WQ（S）1200-10-55 型潜污泵（$Q = 0.24 \sim 0.42$m³/s），共 4 台，雨水水泵为 CP3602-835 潜水离心泵（$Q = 1.0 \sim 1.5$m³/s），共 6 台。污水出水通过 $D = 1.5$m 管道接入乙泵站。雨水出水通过 $A = 2.2$m×2.0m 暗渠接入沈大边沟。

（4）乙泵站。

该泵站为污雨水泵站，位于沈辽路与沈大高速公路交叉处东南角，占地面积为 5000m²。服务范围为沈新路以南至沈辽路以北约 4.5km² 的区域。泵站规模：$Q_{污} = 2$m³/s、$Q_{雨} = 4$m³/s，设置 26HBC-40 混流泵（$Q = 1.115 \sim 1.442$m³/s），共 6 台。污水出水通过 $D = 1.6$m 管道接入现状西部水厂。雨水出水通过 $A = 2.0$m×1.5m 暗渠接入沈大边沟。

2. 地形地貌

于洪区地处长白山余脉，属辽东丘陵向辽下河平原过渡地带。地貌形态由东北部的低山丘陵区过渡到山前波状倾斜平原区，中西部为广阔平坦的下辽河平原，面积约占全市总面积的60%。地势由东北向西南缓倾，东北高西南低。纵观全区，地貌形态多样，地形高差变化也较大。地势平均海拔高度为30m左右。

5.7.2　整治前水质情况

沈大边沟水质检测点位见图5-106。

图5-106　沈大边沟水质检测点位图

沈大边沟水质检测指标见表 5-30。

表 5-30　沈大边沟水质检测指标表

采样点位	检测项目及检测结果				
	透明度（cm）	溶解氧（mg/L）	氧化还原电位（mV）	氨氮（mg/L）	样品状态
沈大边沟 1#	30	3.53	83	19.6	黑色、臭、浑浊
沈大边沟 2#	30	3.43	83	22.2	黑色、臭、浑浊
沈大边沟 3#	30	3.42	80	20.9	黑色、臭、浑浊
沈大边沟 4#	30	3.43	85	15.6	黑色、臭、浑浊
沈大边沟 5#	40	3.55	88	15.7	黑色、臭、浑浊
沈大边沟 6#	40	3.66	87	23.5	黑色、臭、浑浊
沈大边沟 7#	40	3.72	87	22.1	黑色、臭、浑浊
沈大边沟 8#	40	3.73	87	13.4	黑色、臭、浑浊
沈大边沟 9#	40	3.74	86	16.3	黑色、臭、浑浊

5.7.3　黑臭程度分级

根据黑臭程度的不同，可将黑臭水体细分为"轻度黑臭"和"重度黑臭"两级。黑臭水体的识别和判定可为黑臭水体整治计划的制定和整治效果的评估提供重要的依据。

根据《城市黑臭水体整治工作指南》的要求，水体黑臭程度分级判定时可沿黑臭水体每 200～600m 间距设置监测点，但每个水体的监测点不少于 3 个。取样点一般设置于水面下 0.5m 处，水深不足 0.5m 时，应设置在水深的 1/2 处。每次检测时间间隔为 1～7 日，至少检测 3 次。

某检测点 4 项理化指标中，1 项指标 60%以上或不少于 2 项指标 30%以上达到"重度黑臭"级别的，该检测点应认定为"重度黑臭"水体，否则可认定为"轻度黑臭"水体。连续 3 个以上检测点被认定为"重度黑臭"，则检测点之间的区域应认定为"重度黑臭"水体；水体 60%以上的检测点被认定为"重度黑臭"，则整个水体应被认定为"重度黑臭"。

根据水质检测结果，沈大边沟各点位水质的透明度值均优于轻度黑臭标准，溶解氧均大于 2.0mg/L，氧化还原电位均大于 50mV，除 8#点位的氨氮值属于轻度黑臭标准外，水体 60%以上的检测点均为重度黑臭。

因此，沈大边沟水体水质达到重度黑臭水体级别。

5.7.4 污染源及环境条件调查

1. 污染源调查

沈大边沟污染源调查，起点桩号 K0 + 000.00（沈新泵站），终点桩号 K4 + 980.00（细河），见图 5-107。

图 5-107 沈大边沟污染源调查

1）云海路污水泵站（桩号 K1 + 100.00 附近）

云海路污水泵站的污水出水直接排入沈大边沟，对沈大边沟造成持续的污染，污水泵站为 $D = 1.6m$→下穿沈大辅道的排水明渠→$D = 1.5m$ 管道→排水明渠接入沈大边沟。云海路污水泵站位置示意图见图 5-108。

2）宁官站高速公路收费站办公楼（桩号 K2 + 313.03 附近）

高速收费站办公楼通过现状 $D = 0.3m$ 管道，将日常生活污水直接排入沈大边沟，对边沟水体造成污染。宁官站高速公路收费站办公楼现场图见图 5-109。

3）沈阳市公安局交通警察支队高速公路第一大队（桩号 K2 + 714.06 附近）

第一大队办公楼通过现状 $D = 0.6m$ 管道，将日常生活污水直接排入沈大边沟，对边沟水体造成污染。沈阳市公安局交通警察支队高速公路第一大队现场图见图 5-110。

图 5-108　云海路污水泵站位置示意图

图 5-109　宁官站高速公路收费站办公楼现场图

图 5-110　沈阳市公安局交通警察支队高速公路第一大队现场图

4）边沟污泥

沈新泵站至细河段的明渠部分，包括土坡明渠、混凝土及浆砌块石护坡明渠，全长 4430.96m。

底泥检测结果见表 5-31。

表 5-31　底泥检测结果

	分析指标	检出限	单位	污泥 1	污泥 2	污泥 3
湿化学	pH	—	—	7.7	7.8	7.8
	总磷	10	mg/kg	4410	2780	1380
	总氮	10	mg/kg	8850	1770	9000
	有机质	1.0	g/kg	162	40.1	218
	硫化物	0.5	mg/kg	6260	4000	8680
	矿物油	5	mg/kg	9780	2190	9710
金属	铜（Cu）	0.1	mg/kg	681	356	97.3
	铬（Cr）	0.1	mg/kg	215	135	61.5
	镍（Ni）	0.1	mg/kg	76.4	57.9	33.8
	锌（Zn）	0.5	mg/kg	1430	787	378
	铅（Pb）	0.1	mg/kg	80.5	81.7	60.2
	镉（Cd）	0.01	mg/kg	5.99	2.22	4.02
	砷（As）	0.5	mg/kg	18.8	6.9	15.1
	汞（Hg）	0.001	mg/kg	11.9	1.70	8.64

由于常年受外来污染影响，污染物逐渐在河床中累积沉积成污泥，淤泥内有机质腐败，导致水生态系统失衡，底泥发黑发臭，水质恶化。

2. 环境条件调查

1）周边环境特征

据调查，沈大边沟主要分布于城乡接合部，有金沙美丽都等居民区，有张士灯具城、沈阳市多彩木业有限公司等企业。

沈大边沟流经沈阳于洪、铁西两区，承担着两岸的雨水排放。沈大边沟途经云海路、沈辽路等已建成的主要街道，交通十分便利。

沈大边沟沿线西侧为西环线，东侧为绿地及部分企业。

2）水体污染与影响

（1）内源污染。河道内源污染积累较为严重，河道内污染物沉积于底部，造成底泥黑臭，N、P 超标；大量污染物累积，底泥厌氧发酵上翻，会形成黑苔，并散发臭气。在黑臭河道的成因中，底泥的贡献大于 50%，解决内源污染问题的重点和难点在于如何解决底泥污染问题和污泥处置问题。

（2）外源污染。下河污染物多，截污率较低，污染水体直排入河。

（3）自净能力。河流自净体系遭到破坏，生态系统全面崩溃，水体浑浊，流动性差，透明度不高，水体自净能力差，无法消纳入河污染物。水体黑臭得不到根本上的治愈。恢复河流的生态自净能力，提高环境容量非常重要。

3）水文条件

沈大边沟位于西环线与辅道之间，起点为沈新立交桥处的沈新泵站，途经沈辽立交桥处的沈辽泵站，终点至细河。主要担负于洪南里地区及张士开发区的雨水汇水区域。同时担负沈大公路路面雨水及周边绿地的雨水。水面宽度平均 13～16m，平均水深 150～200cm，长度 4980m。

4）水体岸线硬化状况

周围百姓在边沟护坡上种庄稼甚至填沟造田，边沟边界不够清晰，影响边沟的过流断面，沿线为植草护坡。

5.7.5　问题分析

云海路污水泵站、宁官站高速公路收费站办公楼、沈阳市公安局交通警察支队高速公路第一大队均为点源污染，采取控源截污技术。

边沟污泥属于内源污染，采取内源治理技术。

5.7.6　综合整治内容

整治工程是以河道为主线的水系治理工程，以净水和城市雨水排放为主，通过控源截污、底泥清淤和岸线修复等措施，使河道水质达到相关要求和满足雨水排放设计标准。

1. 控源截污技术

1）云海路污水泵站

沈阳经济技术开发区已将该泵站进行改造，不再向沈大边沟排水。

2）宁官站高速公路收费站办公楼

设置一条 $D = 0.3m$，$L = 194m$ 的截污管线，工程起点为收费站办公楼现状 $D = 0.3m$ 污水管道，终点为沈辽泵站现状 $D = 1.7m$ 污水进水管道，经新建化粪池后由北向南，将生活污水截污至沈辽泵站，从而解决宁官站高速公路收费站办公楼排污造成沈大边沟污染的问题。

3）沈阳市公安局交通警察支队高速公路第一大队

设置一条 $D = 0.6m$，$L = 396m$ 的截污管线，工程起点为第一大队办公楼现状

$D = 0.6\text{m}$ 污水管道，终点为沈辽泵站现状 $D = 1.7\text{m}$ 污水进水管道，自西向东，将生活污水截污至沈辽泵站，从而解决高速公路第一大队排污造成沈大边沟污染的问题。

2. 内源治理技术

污泥处置采用污泥原位修复技术，将淤泥搅拌打起，通过添加药剂——高效物化凝聚剂，与淤泥和水充分搅拌，从而降低水中污染物，在原地快速分解淤泥中积累的多种污染物，实现泥水共治，达到去除水体黑臭、抑制底泥中污染物释放的目的。

1）治理目标

根据沈阳市城乡建设委员会、沈阳市城乡建设局及专家论证意见，河道污泥处置采用污泥原位修复技术，通过添加药剂实现泥水共治，减少河道污泥内源污染并同步治理水体，可在原地快速分解淤泥中积累的多种污染物，修复和重建与之相匹配的生态系统，恢复边沟长期自净能力。

项目治理后，透明度、水质将大幅提升，水体生态系统逐渐恢复，根据建设单位意见，制定以下治理目标：

（1）沈大边沟整治后水质应达到《地表水环境质量标准》（GB 3838—2002）Ⅴ类标准（不含总氮）；氧化还原电位应大于 50mV 及透明度应大于 25cm。

（2）沈大边沟底泥应达到绿化用土相关标准要求，满足《绿化种植土壤》（CJ/T 340—2016）中理化指标及安全指标。

2）整治内容

需整治的污泥量为 9592m^3。

3）药剂添加及注意事项

通过添加药剂实现泥水共治，可在原地快速分解淤泥中积累的多种污染物，修复和重建与之相匹配的生态系统。具体注意事项如下：

（1）由于该技术为国内较新技术，国家暂无相关技术规范进行设计指导，且该技术所涉及的药剂根据种类、品牌的不同，投加量及治理效果差别较大，故实施方案主要对治理效果进行要求，药品投加量及工程量与实际发生可能存在差异。待施工及原材料招投标工作完成后，需与设计单位及时对接。

（2）工程类型较为特殊，需向水体中投加药剂，故对投加药剂的安全性控制至关重要。工程开始前，需由业内权威部门对所投加药剂进行详细分析，确保其无毒副作用且对水体及下游生态环境无不利影响，方可实施。

（3）待施工及原材料招投标完成后，建设方需制定水质、泥质及淤泥量检测方案，并委托第三方单位于施工前、施工过程中及施工完成后进行检测，施工中标单位也须进行自检，以确认工程达到预期效果。

（4）施工完成后，建设方需委托第三方，根据《城市黑臭水体整治工作指南》，制定评估方案，并对治理效果进行评估。

4）实施方案

综合考虑现场调研、业主要求及沈阳市实际情况，本项目选用"原位清淤、泥水共治、一河一策、水清无味、生态修复"技术。

将淤泥搅拌打起，投放新型高效物化凝聚剂，与淤泥和水充分搅拌，从而降低水中污染物，实现底泥的原位治理，达到去除水体黑臭、抑制底泥中污染物释放的作用。

河道现状情况复杂，需要结合不同的工法以应对不同的断面。泥水同治技术主要采用的工法有利用水陆（两栖）挖掘机作业、水上船体搅拌作业、挂桨机搅拌作业等。

3. 生态修复技术

沈大边沟岸线生态修复采用蜂巢约束系统，见图 5-111，该系统为边沟提供了多种经济、柔性的保护方法，为边沟提供流量范围从低到高间歇性或连续性水流冲蚀下稳定的保护方法。

图 5-111　蜂巢约束系统图

工程实施方案：

1）边沟平面设计

边沟护岸改造范围为桩号 K0 + 000.00～K1 + 011.09 段、桩号 K1 + 077.20～K1 + 414.62 段、桩号 K1 + 514.18～K2 + 161.96 段、桩号 K2 + 720.00～K4 + 265.39 段、桩号 K4 + 277.93～K4 + 968.39 段。全长为 4232.14m。

2）边沟纵断设计

边沟纵坡坡度为 0.25‰。

3）边沟横断设计

桩号 K0 + 000.00～K1 + 011.09 段、桩号 K1 + 077.20～K1 + 414.62 段、桩号 K1 + 514.18～K2 + 161.96 段采用横断面 A，长度为 1996.29m。桩号 K2 + 720.00～K4 + 265.39 段、桩号 K4 + 277.93～K4 + 968.39 段采用横断面 B，长度为 2235.85m。

横断面 A、B 具体参数见表 5-32、表 5-33。

表 5-32　横断面 A 参数表

名称	设计参数
断面形式	梯形
断面底宽	4m
渠上口宽	11.5m
水深	2m
坡度	$i = 0.25‰$
边坡比	1：1.5
边坡护砌	蜂巢约束系统
边沟超高	0.5m
堤顶宽	4.5m
过水流量	$Q = 9.8\text{m}^3/\text{s}$
流速	$v = 0.7\text{m/s}$

表 5-33　横断面 B 参数表

名称	设计参数
断面形式	梯形
断面底宽	7m
渠上口宽	14.5m
水深	2m
坡度	$i = 0.25‰$
边坡比	1：1.5
边坡护砌	蜂巢约束系统
边沟超高	0.5m
堤顶宽	4.5m
过水流量	$Q = 14\text{m}^3/\text{s}$
流速	$v = 0.7\text{m/s}$

　　设计断面 A 的流量 $Q_A = 9.8\text{m}^3/\text{s}$，断面 A 主要满足甲泵站 $Q = 9\text{m}^3/\text{s}$ 的雨水排放流量要求。

　　设计断面 B 的流量 $Q_B = 14\text{m}^3/\text{s}$，断面 B 主要满足甲泵站、乙泵站雨水总流量 $Q = 13\text{m}^3/\text{s}$ 的排放流量要求。

　　4）边沟护砌形式

　　边沟边坡及沟底均采用蜂巢约束护砌，可将边坡修葺及原位处理后的底泥填充在巢室内，用于控制由水力和重力造成的坡体向下运动和滑移。蜂巢约束系统的材料为高分子复合合金，焊缝间距为 356mm，巢室高度为 150mm，有孔，要求材料使用 50 年性能指标不显著降低。

第6章 我国北方其他城市黑臭水体综合整治案例

6.1 盘锦市螃蟹沟黑臭水体综合整治

6.1.1 流域概况

1. 水系概况

螃蟹沟,横贯辽宁省盘锦市兴隆台区,全长18.53km,东起大洼区杨家店排水站,西至大洼区于岗子排水站入辽河,其中兴隆台城区段(杨家店排水站一中华路)约9km。六零河是螃蟹沟的支流,北起辽河盘山县吴家闸,南至兴油街兴油桥处汇入螃蟹沟,全长约10km,其中兴隆台城区段(兴油街一新工街)约3.7km,郊区段(新工街一郭家排水站)约2.3km。

螃蟹沟水来源于辽河,流经盘锦市兴隆台区后又汇入辽河。螃蟹沟原为人工开挖渠道,主要为沿岸10万亩(1亩≈666.7m²)稻田输送灌溉用水,螃蟹沟入河流量为5~20m³/s。枯水期水量少,水深不足1m。随着盘锦城市的发展,螃蟹沟目前主要接纳两岸地表径流和雨水排涝站溢流排水,总汇水面积为202km²,其中,农田121km²,城区81km²,最大排水能力87.5m³/s。承担大洼区、盘山县、兴隆台区部分农田灌溉和城区、村屯、农田排涝任务。螃蟹沟沿河两岸地势较为平坦,海拔高度3.7~4.0m。河床底部坡度平缓,末端处河床底海拔高度2.5m,起端2.8m。断面为近似梯形,断面垂直高度1.2~1.5m。

2. 气候特征

螃蟹沟所在地(盘锦市兴隆台区)属暖温带大陆性半湿润气候。年平均气温8.3~8.4℃,无霜期为167~174天;年平均降水量为611.6~640mm,年平均蒸发量为1390~1705mm,年日照时数为2786h;累年平均光辐射量为137.5~137.9h·kcal/cm²。

该区四季分明,春季(3~5月)气温回暖快,降水少,空气干燥,多偏南风,蒸发量大,日照时数多。4~5月,8级的大风日数为14天,占全年大风日数的35%左右。降水量90mm,占全年降水量的15%左右、蒸发量的60%左右。降水主要集中在夏季(6~8月),降水量为385mm,占全年降水量的62.5%。秋季(9~11月)多晴朗天气。10月平均气温为10℃左右,季降水量125mm,占全年降水量的 20%。冬季（12～翌年 2 月）寒冷而干燥，最冷月 1 月平均气温–10.3℃，极端最低气温为–29.3℃，降水量仅 16mm，占全年降水量的 2.5%。

受东北地形狭管作用影响，风既多又大。年有效风能密度为 206.4W/m²。年有效风能大于 200kW·h/m²。

6.1.2　整治前水体情况与问题分析

由于城市基础设施建设不完善，兴隆台区大部分生活污水汇集后直接排入螃蟹沟，同时工业园区部分工业污水汇入，另外，螃蟹沟沿岸居民、商铺乱倒垃圾，导致螃蟹沟水质环境污染日趋恶化，河道淤积，输水能力下降，水体发黑发臭，已严重影响城市形象和周边居民的日常生活。

1. 水体情况

1）水质情况

螃蟹沟水质属劣 V 类，河底层水质处于厌氧状态。另外，上游前段水体表面有较多化粪池排出的固体漂浮物，转弯处有排污口不断排出的黑色污水。水质监测结果如下：COD（34.2～58.3mg/L）、高锰酸盐指数（13～27mg/L）、BOD（6.70～16.7mg/L）、氨氮（2.97～5.13mg/L）、总磷（0.143～0.518mg/L），污染物均有不同程度超标，其中氨氮污染最严重。

2）底质情况

河床铺砌有毛块石，不利于水生植物种植。河流水体流动性小，底层水严重缺氧，底泥呈黑色，泥层处于厌氧状态。河床上的沉积物较小，泥层厚度较薄。

3）水生生物情况

水面无浮游植物，高等水生植物稀少，仅在岸边可见少量杂草，枝角类和桡足类等大型浮游动物数量稀少，在六零河汇入螃蟹沟交叉口的水面可见少量小型鱼类，深水河床区无大型底栖动物存在。

2. 问题分析

1）"三厂"地区（原炼油厂、化肥厂、热电厂）等部分小区生活污水和工业污水直排螃蟹沟

由于兴隆台区排水管网不完善，部分区域生活污水未接入截流干管，例如，"三厂"地区石化小区生活污水经三厂泵站和新工街三厂泵站直排螃蟹沟，同时还有三厂工业区部分工业污水汇入；螃蟹沟东、兴油街北新村小区、阳光国际小区及其西侧油田小区污水经新村泵站直排螃蟹沟。

螃蟹沟盘锦涉及的工业污染主要来源于兴隆工业园和"三厂"地区相关石化企业，盘锦禹王防水建材集团有限公司、盘锦北方沥青股份有限公司、辽宁盘锦

石油化工有限公司的工业污水每年排放污水约 500 万 t，虽然企业污水基本处理达标后排放至六零河内汇入螃蟹沟上中游，但由于国家工业废水排放标准与地表水环境质量标准的差异，即使企业达标排放也超过螃蟹沟断面水质监测标准，增加了螃蟹沟污染负荷。

2）上下游农村生活垃圾和生活污水污染问题比较突出，农田面源污染加重

螃蟹沟沿岸的盘山县吴家村、郭家村，兴海街道粮家村、牛官村、东跃村、西跃村、裴家村，兴盛街道二十里铺、三十里铺，每年产生大量生活垃圾、生活污水和养殖废水，对上下水渠、坑塘造成了严重的有机污染，并且通过排水线直排螃蟹沟、六零河。

螃蟹沟具有灌溉功能，在农田耕作过程中大量的化肥和农药投入，使得流域内农田面源污染逐年递增，加剧了螃蟹沟水质污染。

3）城市建成区排水雨污合流，部分沿河泵站设备老化

兴隆台区排水系统始建于 20 世纪 80 年代，除少部分区域采用雨、污分流外，其余排水系统均为合流制，近几年建设的排水管网逐渐开始采用分流制，目前形成了一种混合型的城区排水系统。平时各沿河泵站将区域内生活污水提升至螃蟹沟污水截流干管，送至第一污水处理厂处理。当下雨时，为保证排涝效果，各泵站将管网内污水清空直排至螃蟹沟，下雨期间各泵站也将雨污合流水直排至螃蟹沟，造成螃蟹沟短时间内污染严重。

其中，石化雨污泵站雨水管网内长期进入大量生活污水，有污水接入雨水管网，大量污水长时间经雨水泵站进入螃蟹沟上游，无法确定污染源。

隶属于中国石油辽河油田公司公用事业处和兴隆台区市政管理处的部分沿河泵站因设备老化、年久失修、设施不规范、溢流口封闭不严等原因形成常年向螃蟹沟直排或溢流状态。沿河泵站运行不稳定，相互之间沟通不畅也造成部分污水溢流至螃蟹沟，例如，油田（北区）泵站、测井泵站、东区泵站应将污水送至区市政的 2 号泵站，进入污水截流干管，当出现油田泵站同时向区市政 2 号泵站送水时，2 号泵站由于规模有限，只能将多余污水溢流至螃蟹沟。

6.1.3　综合整治内容

1. 污水直排治理工程

截污纳管是黑臭水体整治最直接有效的工程措施。通过沿河铺设污水截流管线，设置提升（输运）泵房，将污水截流并纳入城市污水收集和处理系统，减少污水直接入河。实现区域内污染物排放减排目标，保证螃蟹沟（六零河）污染物排入量满足环境容量要求。具体如下。

螃蟹沟（石油大街至杨家排灌站）污水管线建设工程：长度 940m。

石油大街东段雨污分流管网改造：包括芳草路—东外环路段、环城东路—长城路段。

螃蟹沟（六零河）沿岸非法排污口封堵工程：排查并封堵沿岸 32 处排污口。

农村氧化塘建设工程：在螃蟹沟沿岸建设 11 处氧化塘。

2. 沿岸拆迁征收工程

对螃蟹沟（向海大道—揽胜湖公园）和六零河（兴油街—郭家站）两侧范围内企业、民宅、土地及地面附属物拆迁和征收，拆迁征收涉及兴海街道陈屯村、牛官屯、梁家村和兴盛街道水利站等。通过沿岸房屋征收（拆违）障碍物工程，有效防止面源污染的汇入，减少污染物入河总量。涉及范围包括水利站 1 座，小型锅炉房 1 座，民宅 144 户，企业 12 家，养猪场 2 个，养鸡场 1 个，鱼塘 5000m²，旱厕 15 个等。

3. 生态湿地景观建设工程

螃蟹沟和六零河生态湿地景观建设，主要包括水面、绿化、广场、景观桥、甬路、配套小品、石油雕塑、夜间照明等。通过植草沟、生态护岸、透水砖等生态修复工程，对原有硬化河岸（湖岸）进行改造，恢复岸线和水体的自然净化功能，强化水体的污染治理效果。其中，螃蟹沟生态湿地建设工程建设水面 122 亩，六零河生态湿地建设工程建设水面 229 亩，现场见图 6-1。

图 6-1　生态湿地景观建设工程

6.2　营口市黑臭水体综合整治

6.2.1　营口市站前区黑臭水体综合整治

1. 流域概况

1）水系概况

（1）化纤潮沟。

化纤潮沟上游为老边河。老边河流至庄林路立交桥后进入站前区境内，此段名称为化纤潮沟。化纤潮沟全长 0.80km，最终进入辽河。老边河全长 11.4km，全程比降 1/15000，平均流量 7.85m³/s，流速 0.37m/s，控制面积 15.96km²。

（2）营柳河。

营柳河全长 12.4km，全程比降 1/10000，平均流量 15.63m³/s，流速 0.6m/s，控制面积 40.63km²。

营柳河在公园路附近分出支流引奉河，干流至运河路尽头处变为 5m×2.5m 暗渠。暗渠长度 1.23km，进入港监泵站提升，最终进入辽河。分支引奉河进入民兴河，最终于民兴河进入大辽河。

2）气候特征

化纤潮沟和营柳河所在地营口市西临渤海辽东湾，属暖温带大陆性季风气候。其气候特征主要是：四季分明，雨热同季，气候温和，降水适中，光照充足，气候条件优越。营口市年平均气温为 7～9.5℃，沿海、平原、丘陵一带稍高，东部山区略低。年降水量为 670～800mm，雨量适中。雨量地域分布是东南部山区雨量较多，西北部沿海平原及丘陵一带降水较少，由东南向西北部递减。日照时数为 2600～2880h，光照资源丰富，其分布是沿海地带多，东部山区少，等值线与海岸线平行。

2. 整治前水体情况、问题分析及整治目标

1）整治前水体情况

（1）化纤潮沟。

化纤潮沟（庄林路立交桥至辽河）河道淤积较为严重，沿河有排污口。河道及河岸上游附近居民堆放生活垃圾，自然护岸遭到破坏。沿河的主要建筑物为庄林路立交桥、铁路及居民区。其中居民区河段、河道及河岸堆满生活垃圾，自然河岸破坏最为严重。

化纤潮沟起于老边沟庄林路立交桥，最终流入三根规格为 $D=1200$mm 的排水管道而后进入辽河。

化纤潮沟水质情况见表 6-1。

表 6-1　化纤潮沟（庄林路立交桥至辽河）水质情况表

水质指标	老边区段	站前区起点段	站前区铁路桥段	站前区居民区段	站前区陶瓷城段	轻度黑臭	重度黑臭	单位
COD_{Cr}	317	317	105	142	222			mg/L
$NH_4^+\text{-}N$	2.72	3.64	3.74	4.28	5.00	8～15	>15	mg/L
TN	9.45	9.30	9.15	13.9	13.9			mg/L
TP	0.19	0.24	0.22	0.07	0.11			mg/L

续表

水质指标	老边区段	站前区起点段	站前区铁路桥段	站前区居民区段	站前区陶瓷城段	轻度黑臭	重度黑臭	单位
pH	8.02	8.11	8.11	7.92	7.86			—
透明度	≥34	≥38	≥33	≥25	≥25	25～10	<10	cm
ORP	77	99.9	122.6	212.9	223.2	−200～50	<−200	mV
DO	2.95	2.94	3.35	7.56	6.73	0.2～2	<0.2	mg/L
BOD$_5$	18.6	11.4	11.9	6.5	9.8			mg/L

对照《城市黑臭水体整治工作指南》，化纤潮沟未达到黑臭水体标准，但化纤潮沟河道及河岸上有当地居民堆放的生活垃圾，且沿河存在排污口，因此进行河道综合整治。

（2）营柳河。

营柳河（港监泵站出口至辽河）两岸为硬质护岸，河道淤积严重，上游河岸有附近居民露天堆放的生活垃圾，并有生活污水及合流制污水排入河中，对河水造成了污染。进入港监泵站前河流流经一段长度为 1.23km 的暗渠，由于常年无人管理，暗渠中淤积情况十分严重，影响水流的流动性并使水质恶化。在营柳河入辽河河口有违章建筑物占用河道，导致河道被堵塞，影响潮汐水对河道的自净作用。营柳河河道生态系统遭到严重破坏。营柳河水质情况见表 6-2。

表 6-2　营柳河（港监泵站出口至辽河）水质情况表

水质指标	港监泵站出口	与辽河交汇处	轻度黑臭	重度黑臭	单位
COD$_{Cr}$	249	152			mg/L
NH$_4^+$-N	6.90	7.50	8～15	＞15	mg/L
TN	19.6	15.4			mg/L
TP	1.97	2.17			mg/L
氯化物	361	379			mg/L
pH	7.35	7.39			—
透明度	19	20	25～10	<10	cm
ORP	−255.5	−227.8	−200～50	<−200	mV
DO	1.15	1.92	0.2～2	<0.2	mg/L
BOD$_5$	295	140			mg/L

对照《城市黑臭水体整治工作指南》，营柳河（港监泵站出口至辽河）氧化还原电位（ORP）达到重度黑臭水体标准；透明度、溶解氧（DO）达到轻度黑臭水体标准，营柳河已达到重度黑臭，需要进行综合整治。

2）问题分析

（1）化纤潮沟（庄林路立交桥至辽河）。

目前，化纤潮沟水质尚未达到轻度黑臭标准，但是沿河有排污口，且附近居民在河道及河岸堆放垃圾等因素致使水体生态遭到破坏、水质恶化。若不加以治理，化纤潮沟水体将进一步恶化，给附近居民的生活带来不良影响。总结化纤潮沟水体污染原因如下。

河道淤积：化纤潮沟河道底泥常年未经清理，造成河道淤积，影响了水体流动性，使水质恶化。

沿岸有排污口：化纤潮沟附近居民区生活污水未经处理直接排入河中导致水质恶化。

河道及河岸垃圾：化纤潮沟居民区段河道及河岸有附近居民堆放的生活垃圾，使水体受到污染、河岸遭到破坏。

（2）营柳河（港监泵站至辽河）。

营柳河港监泵站出口至辽河段水质经检测鉴定为重度黑臭。总结营柳河治理段水体黑臭原因如下。

上游河段存在排污口：营柳河治理段上游存在排污口，污水直接入河导致水质恶化。

上游暗渠淤泥淤积：营柳河治理河段上游暗渠中淤泥常年无人清理，导致水流流过暗渠时受阻，且暗渠中厌氧环境导致水质恶化。

港监泵站合流及防潮闸老化：营柳河在进入港监泵站污水收集暗渠前分流成两股，一股进入暗渠，另一股进入引奉河。在天气晴朗时，营柳河河水与污水共同被港监泵站提升。在阴天下雨时，由于河水水量较大，暗渠中污水大部分溢流进入河道进而污染辽河。河水与污水合流进入泵站，不仅给泵站和污水处理厂增加了巨大的运行负荷，而且由于河水被引走，港监泵站至辽河段水生态遭到破坏。在营柳河分支处有防潮闸，但由于老化而闭合不严，常有污水溢出而污染辽河。

河道被违章建筑物占用：营柳河港监泵站至辽河段河道被违章建筑物占用，影响水体流动性，造成河泥淤积，且由于建筑物的阻挡，潮汐水对河道的清洁作用减弱。

3）整治目标

通过整治工程使化纤潮沟及营柳河的水质得到改善，以减少对辽河的污染。同时提升河流两岸景观，使其成为城市景观河。

化纤潮沟及营柳河经黑臭水体治理后达到以下目标。

（1）水体不黑臭、无黑苔、无富营养化及大规模蓝藻、绿藻暴发，提高水体透明度。

（2）构建健康、完整的生态系统，提高水体自净能力，使其长久保持稳定水质。

（3）提高水体景观质量，改善水体周边景观环境，达到提升城市品质的目的。水体防洪排涝标准为 10 年一遇。

水质目标达到消除黑臭，即透明度＞25cm，溶解氧（DO）＞2mg/L，氧化还原电位（ORP）＞50mV，氨氮＜8mg/L。

3. 综合整治内容

1）化纤潮沟综合整治

（1）截污控源。

化纤潮沟沿岸有一处排污口，为附近居民区生活污水排污口。增设市政管网，敷设 $D=400mm$ 的污水管，长度约为 500m，将化纤潮沟排污口污水接入市政管网。

（2）内源治理。

河道清淤工程以恢复河道行洪能力、恢复过水断面、增强水体流动性为主要目标。工程对此段河槽进行清淤处理，清淤轴线长 800m，平均清淤底宽约 10m，平均清淤深度约 0.5m。河道污泥清出后经土壤改良剂稳固后用于两侧景观绿化用土。

（3）生态修复。

化纤潮沟采用的生态修复措施主要包括：底质微生物改良及水域生态系统构建。

向化纤潮沟河水中投加底质改良型环境修复剂，原位改善底泥的土壤团粒结构、氧化还原电位和溶氧状况，使黑臭底泥逐渐变为适宜水生植物存活的底质，有利于恢复水域生态系统。投加量为 2.4t，投加面积为 8000m²。

在化纤潮沟治理河段综合运用沉水植物、挺水浮叶植物及水生动物，构建水域生态系统。恢复退化水生态系统结构中缺失的生物种群及结构，改善受污染水质，重建水生态系统的良好结构，修复和强化水体生态系统的主要功能，实现水体自净。根据北方气候和水生植物特性栽种金鱼藻、香蒲和芦苇。生态构建面积与水域面积等同。

（4）垃圾管理。

化纤潮沟下游存在居民区，为防止居民继续向河中投放垃圾，在居民区中设置垃圾箱，将生活垃圾收集后经垃圾处理车运至垃圾处理厂。垃圾箱规格为 1.5m×1m×1.2m，共 4 个，每天清运一次。同时组织专人对河道倾倒垃圾现象进行巡视管理。

2）营柳河（港监泵站出口至辽河）综合整治

（1）水系控制。

在太和北街暗渠入口增设营柳河闸门 2 套，闸门尺寸为 2.5m×3m，由手电两用启闭机控制。增设闸门后，营柳河河水不再进入污水收集暗渠，改道进入引奉河，不仅减轻了港监泵站和污水处理厂的运行压力，同时闸门关闭后可对暗渠进行清淤，防止暗渠中淤泥对水流流动性造成影响。暗渠清淤量约为1500m³。

（2）内源治理。

清理营柳河河岸堆放的生活垃圾，避免其污染河水和河岸土壤。清理营柳河港监泵站至辽河口段及上游暗渠段河道中淤泥。其中港监泵站至辽河口段清淤量约为1400m³，上游暗渠段清淤量约为1500m³。

对清理出的淤泥进行减容处理，之后用作绿化基质或路基土。

（3）岸线修复。

为保护营柳河（入辽河口段）岸坎安全，防止冲兑，对两岸进行防护。护岸型式及材料根据当地治河成功经验和所在位置，确定护岸工程采用M10浆砌石挡墙的措施，防护长度共计320m。

（4）清除违章建筑物。

在营柳河港监泵站至辽河口段有违章建筑物占用河道，造成河道淤积，影响河道基本功能。将该建筑物移出河道。

（5）生态构建。

对营柳河港监泵站至辽河段水体进行采样，之后进行微生物实验，选择适合净化该水体水质的微生物，制成生态修复剂后投加到水体中改善微生物环境。在营柳河港监泵站至辽河段栽种沉水植物、挺水植物，利用水生植物对水中污染物的吸收作用和自身的光合作用改善水质，重建水生态系统的良好结构，实现水体自净。生态构建面积与营柳河治理河段水域面积相等，约为2600m²。

（6）监控管理。

为了加快水体水质的更新速度，对水体质量进行实时监测，改善河水水质，及时发现污染源，以便后期进行综合治理。达到提升自净能力、维持水体流动性、恢复水体生态系统自净能力、恢复河道景观的目的。沿河岸布置水质监测点一处。

6.2.2　营口市老边区黑臭水体综合整治

1. 流域概况

营口市老边区位于市区东南部，区内河流为七五河、路南河和引奉河。

1）七五河

七五河全长3.43km，起点为青前河，终点至路南河与营柳河之间的连通河道。首端水位3.43m，末端水位2.70m。河道比降1/1000，平均水深1.0m，河道底宽2～5m。现状河堤主要为土堤，边坡比为1.5，流量为2.01m³/s，护堤地宽度10m。

2）路南河

路南河由大石桥方向进入老边区，河道在营大线南侧，最终进入大辽河。路南河在老边区境内长度为 9.50km，坡降 1/15000，水深 1.5m，底宽 5～7m。流量 6.05m³/s，防洪标准 5 年一遇。

3）引奉河

引奉河起点为营柳河，终点汇入民兴河，终点有闸门控制水位。引奉河整个河段均在老边区境内，全长 5.8km，比降 1/10000，水深 1.8m，河道底宽 14～20m。流量 21.79m³/s，控制面积 40.78km²，防洪标准 10 年一遇，护堤地宽度 10m。

2. 整治前水体情况、问题分析及目标

1）整治前水体情况

（1）七五河。

七五河整个流域面积均在老边区管辖范围内，由于水体未连通，流动性差，水体存在黑臭问题。

（2）路南河。

20 世纪 70 年代路南河还是水清岸绿，鱼虾满河。随着城市的建设和工业的发展，沿岸工厂、机关、居民抢占河滩，违章建房，倾倒垃圾，排放污水致使河床淤塞，水流不畅，水质受到严重污染。

（3）引奉河。

引奉河 K0＋000～K2＋200 河段（营柳河—金牛山大街段）已进行清淤及岸线治理。水质较好，两岸为条石护堤，两侧为 20～35m 绿化景观带及沿河公园。

引奉河 K2＋200～K5＋800 河段（金牛山大街—民兴河段）河道为自然状态，河堤主要为土堤，两岸用地现状主要为农田、鱼塘和部分企业，规划为居住用地。此段河道未进行过清淤，河道内淤积严重，伴随着大量污泥，水生植物生长茂盛，主要为芦苇类挺水植物，部分河段有藻类暴发现象，水体黑臭明显。引奉河是老边区黑臭水体整治的重点。

引奉河水质监测结果见表 6-3。

表 6-3　引奉河水质监测结果

水质指标	公园路	金牛山大街	庄林路	民兴河口	轻度黑臭	重度黑臭
溶解氧（mg/L）	9.1	9.2	9.3	9.2	0.2～2.0	＜0.2
BOD₅（mg/L）	59.4	45.2	74.7	42.2		
CODCr（mg/L）	118	177	239	126		
氨氮（以 N 计，mg/L）	4.10	5.00	7.50	4.40	8～15	＞15

水质指标	公园路	金牛山大街	庄林路	民兴河口	轻度黑臭	重度黑臭
总氮（以 N 计，mg/L）	6.30	6.40	8.85	10.8		
总磷（以 P 计，mg/L）	0.69	0.84	1.76	0.88		
pH	7.83	7.88	7.40	7.94		
ORP（mV）	191.8	181.3	285.5	10.6	−200～50	<−200
透明度（cm）	31	27	10	40	25～10	<10

对照《城市黑臭水体整治工作指南》，引奉河氧化还原电位（ORP）、透明度已达到轻度黑臭水体标准。

2）问题分析

老边区内的七五河、路南河、引奉河水体污染的主要原因包括以下方面。

（1）水质水生态问题。

老边区建成区内的水体水质总体较差，主要是由于城市点源污染、面源污染、内源污染及水生态系统不完善等原因。目前水体水质及水生态环境存在以下问题。

ⅰ）点源污染。

污水直排：污水管网建设不完善，生活污水直排；部分企业和个体工商户零散排污，污水直接排放。

雨污混流：雨污分流不彻底，合流管道雨季溢流，污染水直接入河；分流制管道初期雨水携带污染物直接排放。

其他：生活垃圾沿河抛洒，建筑垃圾直接沿河堆放，导致河道水体污染物含量过高。

ⅱ）面源污染。

农业面源污染：主要为城郊部分农村居民生活废物，包括农业生产过程中不合理使用而流失的农药、化肥，残留在农田中的农用薄膜和处置不当的农业畜禽粪便以及不科学的水产养殖等产生的污染物，对水体形成污染。

城市面源污染：由于城市现代化建设速度不断加快，城市下垫面硬化程度持续增大，降雨往往裹挟着大量灰尘、渣土、垃圾、油渍等进入水体，形成城市面源污染。

ⅲ）内源污染。

黑臭底泥淤积，N、P 超标，导致河湖富营养化严重，藻类暴发，水质黑臭，景观质量差。

ⅳ）水生态系统不完善。

水生态系统不完善，耐污染负荷能力较低。水域自净能力不足，影响水域的景观效果。

（2）水系沟通问题。

城区水体均承担一定的排洪功能，但城市建设等原因造成主城区内部分水体连通性较差，不能发挥水体的排涝及调蓄作用。尤其是旱季，各河流水体流速不高，水体活力较低，进而影响水质提升，影响水环境、水生态的综合质量。

（3）管理问题。

城区内河流，由于管理责权不明确、维护管理不到位等原因，存在淤塞和侵占现象，调蓄能力大大减弱。部分河段存在淤积现象，两岸违法建筑占用河道，严重削弱河道排洪功能。

3）整治目标

以老边区黑臭水体整治为契机，逐步提高城市品质。通过整治使路南河、七五河打通河道，增加河道的过流能力。

引奉河经黑臭水体治理后达到以下目标。

（1）水体不黑臭、无黑苔、无富营养化及大规模蓝藻、绿藻暴发，提高水体透明度；

（2）构建健康、完整的生态系统，提高水体自净能力，使其长久保持稳定水质；

（3）提高水体景观质量，改善水体周边景观环境，达到提升城市品质的目的。

4）水体功能目标

老边区河道水体功能及标准见表6-4。

表 6-4　老边区河道水体功能及标准

编号	河道	河道功能	排洪防涝标准
1	引奉河（金牛山大街至民兴河）	排涝河流	20 年一遇
2	路南河（庄林路至路南河暗渠）	排涝河流	5 年一遇
3	七五河（庄林路至七五河暗渠）	排涝河流	5 年一遇

5）水质目标

根据《城市黑臭水体整治工作指南》中城市黑臭水体污染程度分级标准的水质指标，将引奉河黑臭水体整治的水质目标定位于水质好于轻度黑臭的低限水质目标，即为消除黑臭，水质指标见表6-5。

表 6-5　老边区黑臭水体整治水质目标

指标	目标
透明度（cm）	>25
溶解氧（mg/L）	>2.0
氧化还原电位（mV）	>50
氨氮（mg/L）	<8.0

3. 综合整治内容

由于七五河流经区域大部分为未建成区，农田和棚户区居多，故七五河未列入全面整治范围内。本次仅开展水系连通建设，即打通七五河到路南河与营柳河之间的河道，工程长度 80m。

路南河右岸为营大线公路，左岸除建有部分企业和政府单位外，基本为农田。且路南河为跨境河流，故未将路南河列入全面整治范围。仅对过庄林路段进行清淤，打通河道，工程长度 120m。

引奉河为老边区黑臭水体整治重点，对其进行全河段的治理。老边区黑臭水体整治措施主要包括以下几个方面。

1）截污工程

工程建设地区排水体制为分流制。在引奉河（金牛山大街—民兴河段）两岸铺设污水管道。在雨水直接入河处设置弃流井，将初期雨水送入污水处理厂处理。本工程共铺设污水管道 7.5km，管径 DN600mm。共设置弃流井 16 座。

2）清淤疏浚

以满足过流能力、清除河道内污染严重淤积底泥及河道内垃圾、恢复河道使用功能为原则，对引奉河、路南河、七五河部分河段进行清淤。河道内清淤包括清除河道内淤泥、建筑及生活垃圾，打通断头河。本工程河道底泥清淤量为 3.8 万 m^3。淤泥经调理后用于本工程绿化种植，建筑垃圾部分用于本工程堤路修筑的填料。生活垃圾运送至垃圾填埋场填埋。

3）生态修复

本工程生态修复技术主要有高效生态浮岛技术、水生植物种植、底质改良技术、水域生态系统构建和人工增氧技术。在引奉河布置生态浮岛 6600m^2，布置碳素纤维生态草 68800 株。

种植水生植物 14400m^2，投加底泥改良剂 32400kg，布置太阳能曝气机 8 台。水域生态系统构建 108000m^2。

4）景观提优

为了对黑臭水体进行综合治理，增强水体的自净能力，结合景观提升，对引奉河（金牛山大街—民兴河段）沿岸景观进行设计。

沿河绿化带新增绿化面积 18.72 万 m^2，包括沿河步道、景观照明等。

新建河堤 7.98km，包括引奉河、七五河、路南河及秦白河部分河段。

5）监控管理

为了实现水系的监督管理自动化，在引奉河全河道采用基于局域网的中央监控系统，对河道进行监视、生产调度、质量管理数据服务，通过中控室屏幕显示动态运行工况。

6.2.3 营口市民兴河黑臭水体综合整治

1. 流域概况

民兴河发源于营口市老边区郑前河，河长 21km，流域面积 70km²，宽度为 30～60m。现有防洪标准 100 年一遇的右岸堤防 11.47km，50 年一遇的左岸堤防 11.57km。其排水汇水面积为 119.30km²。民兴河起源自老边区郑前河，最终汇入辽河。中途有盐场外围河、引奉河、秦白河等多条支流汇入，下游由民兴河防潮闸控制水位及海水倒灌。

2. 整治前水体情况、问题分析

1）整治前水体情况

民兴河上游有引奉河与盐场外围河两条重要支流汇入，引奉河水质为轻度黑臭水体，已成为直接汇入民兴河的污染源；盐场外围河流流经中小工业园区，河流流量较低，流速慢，河道有一定淤积。民兴河沿岸有众多排污口，包括污水口、雨水口（合流制）、泵站排口等。还有一座处理规模 7 万 m³/d 的污水处理厂尾水排入，污水处理厂尾水执行《城镇污水处理厂污染物排放标准》（GB 18918—2002）一级标准的 A 标准。

民兴河各点位水质指标监测结果见表 6-6。

表 6-6 民兴河水质指标监测结果

点位	氨氮（mg/L）	透明度	氧化还原电位（mV）	溶解氧（mg/L）	pH	BOD₅（mg/L）	COD（mg/L）	总磷（mg/L）	总氮（mg/L）
庄林路东	0.815	13.5	94.55	6.31	7.705	69.15	255.5	0.3155	2.75
引奉河口	0.4375	14.5	107.05	7.125	7.835	70.6	221.5	0.318	3.15
华光路	0.774	9	57.5	3.985	7.695	81.2	342	0.2345	2.55
盼盼路	0.256	14	117.65	5.9	7.65	126.5	547.5	0.2575	2.45
市府路	0.3875	16	132.35	6.115	7.875	52.4	208	0.4025	3.4
市府路—新华路	0.834	16.5	127.55	6.15	7.705	55.2	208	0.425	5.2
新华路	1.764	17.5	117.6	6.575	7.755	89.6	346	0.5225	7.35
清华路	1.703	17.5	164.35	6.03	7.735	98.5	325.5	0.4475	7.5
平安路	2.0615	18	123.95	5.885	7.735	75	303.5	0.47	9.15
得胜路	1.9885	15	156.4	5.83	7.73	67.55	325.5	0.4925	8.25
得胜路—科园路	1.465	20	147.9	5.56	7.745	105.1	465.5	0.5625	6.25

点位	氨氮 （mg/L）	透明度	氧化还原 电位（mV）	溶解氧 （mg/L）	pH	BOD$_5$ （mg/L）	COD （mg/L）	总磷 （mg/L）	总氮 （mg/L）
科园路	0.271	14	108.65	5.25	7.825	76.05	373	0.575	4.95
滨海路— 科园路	1.1155	17	121.35	6.115	7.72	51.45	236.5	0.585	5.15
滨海路	0.504	20	120.2	6.375	7.76	124	452	0.6275	3.9
四海路	0.276	16.5	111.85	5.78	7.75	103.5	437.5	0.775	4.5
四海路— 辽河口	0.79	14	121.45	5.34	7.865	82.95	338.5	0.545	3.8
辽河口	0.81	16.5	128.3	5.305	7.785	90.1	363.5	0.8025	5.65
平均	0.956	15.853	121.097	5.861	7.757	83.462	338.206	0.492	5.056

2）问题分析

由检测数据可知，民兴河水质主要未达标项为透明度和氧化还原电位。其中透明度为整个河段不达标，大部分点位为轻度黑臭水体标准。氧化还原电位有两处检测点一次达到轻度黑臭标准。综合以上数据，民兴河应定义为轻度黑臭水体。主要不达标项为透明度。水质较差地段为引奉河口至盼盼路段。

民兴河最终汇入辽河口后与辽河共同流入辽东湾，由于潮汐影响，两条河的浊度都受到辽东湾水质的影响。辽河断面 9、10 月的浊度平均值为 178NTU，极大值为 500NTU，极小值为 40NTU。故仅仅对民兴河水质进行治理难以从根本上改变透明度。

结合民兴河水质监测轻度黑臭结论，以及污染源和环境条件调查结果，民兴河水体黑臭的主要原因如下。

（1）底泥污染严重且泥质松散，在潮汐扰动的情况下，影响水体透明度。同时由于潮汐上涨时段海水能够上涨至整个治理范围，故潮汐时段水体透明度受海水水质影响较大。

（2）直接入河的分流制雨水管道的初期雨水及旱季流量造成的污染。

（3）部分点位直接污水入河。

（4）岸边及河内的垃圾。

（5）上游汇入支流水质较差。

3．综合整治内容

1）截污工程

对民兴河两岸河水、合流管道进行截流，封堵废弃的排水管道。铺设污水管道 4km，管径 DN600mm，建截流井 1 座，修复渗漏管道 1 处。

2）内源治理

本着满足过流能力、清除河道内污染严重淤积底泥及河道内垃圾、恢复河道使用功能的原则，对民兴河部分河段进行清淤。河道内清淤包括清除河道内淤泥、清理建筑及生活垃圾、打通断头河。本工程河道底泥清淤量为 14.4 万 m^3。淤泥经处理后用于景观绿化用土。生活垃圾运送至垃圾填埋场填埋。

3）生态修复

种植水生植物 44000m^2。

4）其他

拆除下游违章码头、平台、旱厕等 15 处。

6.3　长春市伊通河北北段黑臭水体综合整治

6.3.1　流域概况

1. 水系概况

伊通河是长春的母亲河，随着城市建设和经济社会的发展，伊通河已成为城市承泄天然降水和排放工业废水与生活污水的主要通道，水体污染日趋严重。

伊通河北北段南起四化闸，北至万宝拦河闸，河道长度约 13km。其中，四化闸——一间堡铁路桥段，长约 5.5km，现状河道水面宽 128～639m，水面较宽；一间堡铁路桥——万宝闸段，长约 7.5km，现状河道水面宽 20～30m，水面较窄。

2. 气候特征

伊通河北北段所在地长春市位于北纬 43°05′～45°15′、东经 124°18′～127°05′，属中温带大陆性亚温润季风气候，季节变化明显，冬季干冷漫长，夏季温热多雨，春季干燥多风，秋季凉爽。年平均气温 4.3～4.9℃，最冷月为 1 月，极端最低气温为 –40.7℃，最热月为 7 月，极端最高气温为 39.5℃。年平均湿度为 65%，年均降雨量为 571.6～705.9mm，主要集中在 7～8 月，冰冻深度 1.6～1.85m，最大冻土厚度可达 1.69m，封冻期为 11 月下旬，次年 3 月解冻。全年主导风向为西南风，年均风速为 3.7m/s。

6.3.2　整治前水体情况、问题分析及整治目标

1. 整治前水体情况

伊通河为长春市承泄天然降水和排放工业废水与生活污水的主要通道，水体污染日趋严重，河道生态环境日益恶化。

伊通河北北段四化闸及万宝拦河闸断面处水质监测结果见表 6-7。

表 6-7　伊通河北北段断面水质监测结果

断面	pH	SS（mg/L）	COD（mg/L）	氨氮（mg/L）	BOD₅（mg/L）	石油类（mg/L）
万宝拦河闸	7.41	12	41	11.4	13.5	0.24
四化闸	7.74	15	41	4.01	9.7	0.03

伊通河北北段执行地表水 V 类标准，可见除 pH 和 SS 以外，其他监测项目均出现不同程度超标，为劣 V 类水体，水体污染严重。

2. 问题分析

1）外部污染源

伊通河北北段综合治理实施前，沿线接受的外部污染源主要有：上游及支流来水、污水处理厂尾水、点源污染和面源污染。

（1）上游及支流来水。

伊通河北北段上游及支流来水为伊通河中段、串湖和东新开河。

伊通河中段水系由北十条明沟、东莱明沟、永安明沟、鲶鱼沟、小河沿子等支流组成。现状水质为劣 V 类。

串湖水系涵盖串湖明沟、宋家明沟、翟家明沟以及长春公园等七大公园。现状水质为劣 V 类。

东新开河南起甘大山，北至伊通河，流经长春净月高新技术产业开发区、二道区和长春经济技术开发区三个区，总体为浅水河流，流速较小。现状水质为劣 V 类。

伊通河北北段上游及支流来水水质见表 6-8。

表 6-8　伊通河北北段上游及支流来水水质（mg/L）

项目	COD	氨氮	TP
伊通河中段	93.7	3.82	1.7
串湖	150.0	25.45	1.9
东新开河	112.0	16.00	1.8

（2）污水处理厂尾水。

伊通河北北段沿线接受的污水处理厂尾水有北郊污水处理厂老厂、新厂以及北部污水处理厂尾水。现状尾水水质见表 6-9。

表 6-9　伊通河北北段现状污水处理厂尾水水质（mg/L）

项目	COD	氨氮	TP
北郊污水处理厂老厂	48.78	4.08	0.46
北郊污水处理厂新厂	50.00	5.00	0.50
北部污水处理厂	30.80	1.52	0.21

北部污水处理厂出水水质大都满足地表Ⅴ类水标准。北郊污水处理厂老厂、新厂出水水质虽然能够满足《城镇污水处理厂污染物排放标准》（GB 18918—2002）一级标准的 A 标准，但无法满足地表Ⅴ类水标准。

（3）点源污染。

点源污染主要包括排放口直排污废水、合流制管道雨季溢流。伊通河北北段接受的点源共 4 处，分别是北郊污水处理厂溢流口、小南明沟南侧污水吐口、豆腐坊污水吐口以及东道村排涝站北侧污水吐口。

北郊污水处理厂溢流口：北郊污水处理厂进厂合流管溢流通过溢流管上的闸门控制，且闸门关闭不严，旱季存在污水排放。同时降雨时合流污水溢流量较大。

小南明沟南侧污水吐口：采用北郊污水处理厂二沉池出水作为热泵换热水使用，换热后直接入河，水质为一级标准的 B 标准。

豆腐坊污水吐口：长春市御泉豆类食品有限公司污废水处理后排至该吐口。

东道村排涝站北侧污水吐口：国电吉林龙华长春热电一厂、杨辉豆腐坊、李金豆腐坊、吉林省万龙食品有限公司和长春市众缘食品有限公司共 5 家企业污废水排至该吐口。

（4）面源污染。

面源污染主要为降雨形成的农田等地表径流。伊通河北北段区域内共有面源吐口 14 处，分别是：后东道涵洞、东道村排涝站、左一雨水涵洞、左二雨水涵洞、左三雨水涵洞、左四雨水涵洞、万宝灌区涵洞、大房子排涝站、鸭子张排涝站、三家子涵洞、新城广场雨水吐口、兴隆泉排涝站、常家店排涝站、绕城高速北侧吐口。

2）内源污染

由于河道内流速缓慢，污染汇入量大，伊通河北北段全河段存在不同程度的淤积情况，大量的底泥淤积是伊通河北北段水体内部的直接污染源。

伊通河北北段底泥污染物释放速率室内试验检测结果见表 6-10。

表 6-10　伊通河北北段底泥污染物释放速率室内试验检测结果[mg/(m²·d)]

季节	夏季
氨氮	160
总磷	70
COD	660

对比其他地区底泥污染释放研究成果（表 6-11），伊通河北北段为重污染水体。

表 6-11 底泥污染释放速率相关研究成果统计[mg/(m²·d)]

污染程度	氨氮	总磷	COD
富营养化水体	2～47	2～15	8～80
重污染水体	50～160	30～72	160～720

3. 整治目标

通过整治工程使伊通河北北段水质得到改善，全河段水质达到地表水Ⅴ类标准。

6.3.3 综合整治内容

1. 外源治理

本工程在河道内增加 2 处河底曝气系统，作为应对突发性河道污染的应急措施。同时在夏季时，太阳足、水温高，耗氧速度加快，河底曝气系统也可用于人工强化曝气。河底曝气系统第 1 处位于万宝闸南 1.5km 处，第 2 处位于万宝闸南 3km 处。

上述两处曝气位置，水深较深，利于氧气溶解到水中；位于伊通河北北段的下游，同时也位于沿线各排口的下游，能够应对上游突发污染事故；同时此处由于水深较深，没有水生植物床，曝气不会对水生植物造成伤害。另外，曝气位置 1 东侧用地为公园绿地，曝气位置 2 西侧用地为防护绿地，有条件设置鼓风装置。人工曝气位置示意图见图 6-2。

2. 内源治理

（1）四化闸至一间堡铁路桥段水利高程以上淤泥量约 182 万 m³（平均清淤深度 1.2m），水利高程以下环保清淤量约 53.68 万 m³；一间堡铁路桥至万宝拦河闸段水利高程以上淤泥量约 39.33 万 m³（平均清淤深度 1.2m）。

（2）四化闸至一间堡铁路桥段水利清淤部分上层 60cm（约 91.2 万 m³）为重金属超标淤泥，其中 76.2 万 m³ 采用河道内原位晾晒固化的方式后运至底泥填埋场卫生填埋，15 万 m³ 采用填埋场内固化后卫生填埋；下层 60cm 淤泥、一间堡铁路桥至万宝拦河闸段水利高程以上部分、环保清淤及抛石挤淤部分（约

204.81 万 m³）为非重金属超标淤泥，采用在一间堡铁路桥至万宝拦河闸滩地自然晾晒方式后回填于滩地。

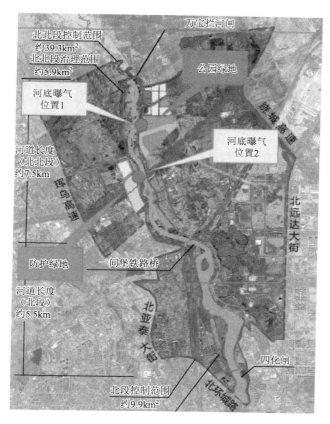

图 6-2　人工曝气位置示意图

（3）水利高程以下环保清淤后，采用河底生态净化带、碎石 + 石笼回填、人工复氧曝气多种方式相结合，防止淤泥中有机质返溶。

彩 图

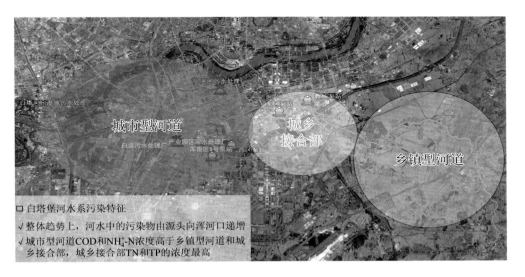

图 5-2 白塔堡河污染空间分布

图 5-7 白塔堡河水质检测点位

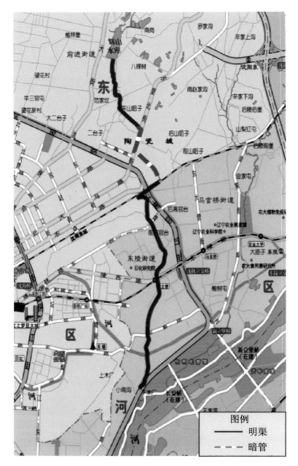

图 5-40　辉山明渠分段位置图

图 5-65　细河二环到三环段（于洪段）